Carl Volk

Das Maschinenzeichnen des Konstrukteurs

Neunte Auflage

Neu bearbeitet von

Dipl.-Ing. **Ch. Bouché** und Ing. **W. Pohl**

Baudirektor   Baurat

Ingenieurschule Beuth Berlin

Mit 365 Abbildungen

Springer-Verlag

Berlin / Göttingen / Heidelberg

1954

ISBN-13: 978-3-540-01856-8 e-ISBN-13: 978-3-642-92635-8
DOI: 10.1007/978-3-642-92635-8

Aus dem Vorwort zur vierten Auflage (1936).

Vor fast vierzig Jahren ist RIEDLERS klassische Schrift über Maschinenzeichnen erstmals erschienen. Viele seiner Lehren sind seitdem Gemeingut der technischen Welt geworden, und Hunderte seiner Schüler haben sie an Tausende von Lernenden weitergegeben. So wurde der Boden bereitet für die Vereinheitlichung des Maschinenzeichnens, welche sich der im Deutschen Normenausschuß gebildete Arbeitsausschuß für Zeichnungen zur Aufgabe gestellt hat. Bei den Zeichnungsnormen handelt es sich um Regeln für die äußere Form der Zeichnung. Aber die äußere Form muß in Zusammenhang stehen mit Zweck und Inhalt der Zeichnung. Der Zusammenhang zwischen Zeichnen und Gestalten, Entwerfen und Herstellen wird in der vorliegenden Arbeit stark betont, und gerade nach dieser Richtung hin weist die neue Auflage manche Änderung auf, die hoffentlich als Verbesserung gewertet wird. Das Buch ist nicht für den Zeichner bestimmt, sondern für den Anfänger im Konstruieren. Dabei ist *leicht* Erlernbares oder aus Büchern *nicht* Erlernbares absichtlich kurz behandelt, während andere Abschnitte breiter und ausführlicher sind und manches auch mehrmals gesagt wird. Oft tritt das Bild an Stelle des Wortes, und diese Bilder sollen nicht nur betrachtet, sondern gelesen und dem *Gedächtnis eingeprägt* werden. Der junge Konstrukteur soll in seinem Entwurf die Einzelheiten aufsuchen, die mit den falschen und richtigen Bildern übereinstimmen.

C. Volk

Aus dem Vorwort zur siebenten und achten Auflage (1944).

In den Jahren, die seit dem Erscheinen der sechsten Auflage vergangen sind, haben sich die Grundsätze und Vorschriften, die für den *einzelnen zeichnenden* Konstrukteur gelten, nur wenig geändert. Gewaltig geändert aber haben sich die Aufgaben, die an die Konstrukteure herantreten. Die Aufgaben sind nicht nur zahlreicher, sondern auch schwieriger geworden und sollen in kürzester Zeit erledigt werden. Man hat wieder die Bedeutung der schöpferisch tätigen Ingenieure erkannt und man muß, da deren Zahl nicht ausreicht, für geeigneten Nachwuchs sorgen und den persönlichen Leistungswillen und die Leistungsfähigkeit der heute Schaffenden in jeder Weise erhöhen. Dazu wird es notwendig sein, die zeichnerischen Arbeiten noch besser zwischen den Konstrukteuren und ihren Helfern zu verteilen. Das „Maschinenzeichnen des Konstrukteurs" war ursprünglich für den jungen Konstrukteur bestimmt. Auch während der Praktikantenzeit und während des Studiums sollte es immer wieder auf den Zusammenhang zwischen *Zeichnung* und *Werkstück*, zwischen Büro und Betrieb hinweisen. Gerade in diesem Sinne wird es in der Hand der Ausbildungsingenieure *jetzt* zu einem *Hilfsbuch*, das sich beim Anlernen der Zeichner vielfach bewährt hat und durch zahlreiche einfache Skizzen auch den in den Werkstätten tätigen Anlernlingen das „Lesen“ der Zeichnungen erleichtert.

In der neuen Auflage habe ich versucht, diese Beziehungen des *Konstrukteurs* zur *Zeichnung* und zum *Werkstück* noch klarer herauszuheben.

C. Volk

Vorwort zur neunten Auflage (1954).

Dem Wunsch des Verlages, die dringend notwendig gewordene Neubearbeitung des VOLKschen Buches vorzunehmen, kamen wir gern nach; wir fühlen uns geradezu dazu verpflichtet, weil wir dadurch in die Lage versetzt werden, auf dem Wege unseres verehrten Lehrmeisters CARL VOLK fortschreitend ein Buch zu schaffen, das die heranwachsende jüngere Generation in die „Zeichen“-Sprache der Technik einführen soll.

Seit der letzten noch von C. VOLK selbst vorgenommenen Bearbeitung hat sich im Zeichnungslesen viel geändert; manche weitgehende Änderungen stehen noch bevor; soweit es möglich war, haben wir an den betreffenden Stellen bereits darauf hingewiesen.

Einen kleinen Teil der VOLKschen Bilder konnten wir unverändert übernehmen, einen großen Teil mußten wir den neuen Normen entsprechend ändern. Die Gliederung des Stoffes ist im Wesentlichen beibehalten worden.

C. VOLK sagt am Schluß seines Vorwortes zu vierten Auflage:

Dem *Konstruktionsunterricht* fällt die schwere und verantwortungsvolle Aufgabe zu, den jungen Konstrukteur immer wieder darauf hinzuweisen, daß er auf Grund seiner Rechnung und seiner Überlegungen nicht eine *Zeichnung* anzufertigen hat, sondern ein *Werkstück*, daß er — um ein auf meinen Lehrer RADINGER geprägtes Wort zu gebrauchen — ein *Eisenbildhauer* ist, dessen Entwürfe Gestalt annehmen, durch Werkstätten wandern, mit Maschinen kreisen und den „erfahrnen Bilder“ loben sollen.

Diesen Worten können wir, gestützt auf eine über 26- bzw. 30-jährige Unterrichtserfahrung, nur beipflichten.

Auf klare, saubere Zeichnungen haben wir besonderen Wert gelegt und wir danken dem Springer-Verlag, daß er für eine gute Wiedergabe dieser Zeichnungen und auch für eine gute Ausstattung des Buches gesorgt hat.

Berlin, Sommer 1954.

Ch. Bouché W. Pohl

Inhaltsverzeichnis.

Der Konstrukteur, Beruf und Verpflichtung 7

1. Grundlagen der Zeichnung 9

1.1 Zeichnungsarten 9

1.2 Blattgrößen, Maßstäbe und Linien 10

1.21 Blattgrößen S. 10, — 1.22 Das Falten der Zeichnungen S. 11, — 1.23 Maßstäbe S. 11, — 1.24 Linien in Tusche S. 11, — 1.25 Schrift S. 12, — 1.26 Das Ausziehen S. 13, — 1.27 Linien in Blei S. 14.

1.3 Wahl der Ansichten und Schnitte 14

1.31 Ansichten S. 14, — 1.32 Schnittdarstellung S. 16.

1.4 Freihandskizzen 21

1.41 Aufnahmeskizzen S. 22, — 1.42 Grundsätzliche (schematische) Skizzen S. 23, — 1.43 Perspektive Skizzen S. 23.

1.5 Vereinfachte Darstellungen 24

1.51 Bruchlinien S. 24, — 1.52 Vereinfachte Darstellung einer neuen Ansicht S. 24

1.6 Eintragen der Maße 25

1.61 Hauptregeln S. 26, — 1.62 Durchmesserzeichen S. 29, — 1.63 Halbmessermaße und Halbmesserzeichen S. 30, — 1.64 Diagonalkreuze und Quadratzeichen S. 31, — 1.65 Kegel, Neigung und Verjüngung S. 32., — 1.66 Normzahlen S. 35, — 1.67 Normmaße S. 36, — 1.68 Maße von Halbzeugen (gewalzter, gezogener und gepreßter Werkstoff) S. 37.

1.7 Oberflächenzeichen 37

1.71 Wahl der Oberflächenzeichen S. 40.

1.8 Sinnbilder 40

1.81 Sinnbilder für Gewinde, Muttern und Schrauben S. 40, — 1.82 Abgekürzte Gewindebezeichnungen und Maßeintragungen für Gewinde S. 44, — 1.83 Vereinfachungen für Kleindarstellungen S. 46, — 1.84 Sinnbilder für Federn S. 47, — 1.85 Sinnbilder für Zahnräder S. 47, — 1.86 Sinnbilder für Schweißnähte S. 49, — 1.87 Sinnbilder für Rohrleitungen S. 49, — 1.88 Weitere Sinnbilder S. 52

1.9 Toleranzen und Passungen 52

1.91 Allgemeines S. 52.

1.92 Toleranzen S. 53

1.921 Maße, die toleriert werden müssen S. 53, — 1.922 Maße, die nicht toleriert zu werden brauchen S. 54, — 1.923 Eintragen der Toleranzen S. 54, — 1.924 Besondere Toleranzen S. 56.

1.93 Passungen S. 57

1.931 ISA-Passungen S. 58, — 1.932 Paßsysteme S. 58, — 1.933 Passungskurzzeichen S. 59, — 1.934 Passungsbildung S. 60, — 1935 Passungsauswahl S.62

2. Werkstattgerechte Zeichnungen 64

2.1 Allgemeines 64

2.2 Beispiele 64

2.3 Zeichnungssysteme 77

2.31 Sammelblattsystem S. 77, — 2.32 Teilzeichnungssystem S. 79, — 2.33 Gruppenblattsystem S. 84, — 2.34 Zerschneidesystem S. 84.

2.4 Schriftfeld ohne und mit Stückliste 85

2.5 Kennzeichnende Nummern der Zeichnung 86

2.6 Zeichnungsänderung 87

3. Der Konstrukteur und die Zeichnung 87
3.1 Allgemeines 87
3.2 Herstellungsgerechte Bauformen beim Gießen, Schmieden, Pressen und Schweißen 88
3.21 Modellbau, Einformen und Gießen S. 88.
3.211 Grauguß S. 88, — 3.212 Stahlguß S. 91, — 3.213 Druckguß S. 92.
3.22 Schmieden und Pressen S. 94.
3.221 Schmieden und Pressen von Stahl S. 94, — 3.222 Pressen von Nichteisenmetallen S. 96.
3.23 Schweißen S. 96.
3.3 Bearbeitung und Zusammenbau 97
3.31 Handarbeit S. 97.
3.32 Arbeitsleisten S. 98.
3.33 Anlageflächen, Zentrierung S. 99.
3.34 Aufspannen S. 101.
3.35 Rundungen S. 101.
3.36 Teilen eines Werkstücks S. 102.
3.37 Löcher und Durchbrüche S. 103.
3.38 Platz für Werkzeuge S. 104.
3.381 Bohren und Drehen S. 104; — 3.382 Fräsen und Schleifen S. 105; — 3.383 Hobeln und Stoßen S. 105.
3.39 Verschiedenes S. 106.
4. Für und Wider 107

Der Konstrukteur, Beruf und Verpflichtung.

Die Tätigkeit der Konstrukteure umfaßt:

a) Die Konstruktion der Maschinen und Geräte und ihrer Einzelteile unter Berücksichtigung der Bauaufgabe (Betriebsbedingungen, Lebensdauer), der Berechnung und Erfahrung, der Normen, der Ergebnisse von Vorversuchen, Forschungs- und Entwicklungsarbeiten, der Wartung, der Instandsetzung, des Werkstoffes, der Herstellung, des Zusammenbaues (Fügen), der Wirtschaftlichkeit, der Besonderheit des Auftrages, der Schutzrechte usw.

b) Das Entwerfen der Einrichtungen, Vorrichtungen, Werkzeuge, Schnitte, Gesenke, Lehren, die für die Fertigung (namentlich bei Massenfertigung) erforderlich sind. Dabei sind zu beachten die vorhandenen Einrichtungen, die Lieferzeiten und der Werkstoffaufwand für neue Werkzeuge, die Zahl der verfügbaren Facharbeiter, angelernten Arbeiter usw.

c) die Arbeitsvorbereitung, die Ermittlung der Bearbeitungszeiten, der Kosten usw. Bei der Auswahl des Werkstoffes sind zu berücksichtigen: die mechanischen, technologischen, chemischen, thermischen, magnetischen Eigenschaften, die Oberflächengüte, die Kosten, Lieferbedingungen, Vorschriften der Behörden, die Altstoffverwertung usw.

In kleineren Betrieben müssen unter Umständen alle diese Aufgaben von wenigen Personen erfüllt werden. In Großbetrieben werden die einzelnen Arbeiten verschiedenen Personen, ja verschiedenen Abteilungen zugewiesen. Es bestehen dann getrennte Abteilungen für Berechnen, Entwerfen, Teilkonstruktion, Normung, Werkzeugbau, Vorrichtungsbau, Arbeitsplanung, Zeitbestimmung, Veranschlagen, Werkstoffbestellung, Werkstoffprüfung usw.

Damit durch diese Arbeitsteilung der Zusammenhang zwischen dem Konstrukteur und der Werkstätte nicht wesentlich beeinträchtigt wird, sind z. B. folgende Maßnahmen erforderlich: Bei Neukonstruktionen geht die Bleizeichnung in die Normenabteilung, welche die Einhaltung und Verwendung der eingeführten Normen überwacht, dann in die Fertigungsabteilung. Handelt es sich um Neukonstruktionen von größerer Bedeutung, so werden die Einzelteile (in Blei) noch einer besonderen Betriebskonferenz vorgelegt, an welcher der Konstrukteur (oder sein Abteilungsleiter), die Vertreter der Normen- und Fertigungsabteilungen und die Vertreter des Betriebes teilnehmen. Dann erst werden die Zeichnungen in der bei dem betreffenden Werk vorgeschriebenen Weise fertiggestellt, vervielfältigt und den einzelnen Abteilungen zugestellt. Anstände, die bei der Herstellung, beim Zusammenbau oder später im Betrieb auftreten und auf fehlerhafte Konstruktion zurückzuführen sind, müssen dem Konstrukteur in genau festgelegter Weise gemeldet werden. Anlage einer „Bewährungsstatistik" und eines „Mängelbuches"; Karteien für vorhandene Modelle, Sonderwerkzeuge usw. Über diesen Erfahrungsaustausch im eigenen Werk hinaus wird ein *Erfahrungsaustausch in gößerer Gemeinschaft* erforderlich sein, um dauernden Fortschritt und dauernden Erfolg sicherzustellen.

Sollen Geräte und Maschinen in großer Stückzahl bei mehreren Werken nach gleichen Konstruktionszeichnungen hergestellt werden, ist außerdem die Zahl der selbständigen Konstruktionsingenieure verringert, die Zahl der Hilfskonstrukteure und Zeichner vermehrt, so wird meist eine Gruppe ausgewählter Konstrukteure mit der Entwicklungsarbeit betraut. Mit Hilfe der Vereinheitlichung, der Normung, der Typenbildung entstehen dann Maschinen und Geräte, die mit den verfügbaren Anlagen, Werkstoffen und Arbeitskräften innerhalb der vorgesehenen Lieferfristen wirtschaftlich hergestellt werden können.

Dieser kurze Überblick kennzeichnet das Arbeitsfeld, das der junge Konstrukteur nach beendetem Studium betritt. Zwar hat er bereits in den Technischen Schulen gezeichnet und konstruiert, aber dort stand die nach *Angabe* und Vorbild *hergestellte Zeichnung am Ende seiner Arbeit* — in den Praxis steht die fertige Zeichnung am *Beginn* der Werkarbeit. Sie enthält die *Angaben*, nach denen in den Werkstätten vielleicht tausend Werkstücke von zahlreichen Facharbeitern hergestellt werden sollen. Und diese tausend Werkstücke gehören z. B. zu zweihundert Mähmaschinen, die helfen müssen, die Ernte des nächsten Jahres zu bergen. Diese Gedanken über seine Verpflichtung darf der junge Konstrukteur aber nicht erst vor der fertigen Zeichnung empfinden — nein, sie gehören an den Beginn! Lange bevor der Former das Modell einformt, lange bevor der Fräser das Gußstück aufspannt und lange bevor die Zugstangen oder die Steuerhebel in die Maschinen eingebaut werden, hat der Konstrukteur vor seinem Zeichenbrett *in der Vorstellung* alle diese Arbeiten ausgeführt, hat er an den Kern gedacht, an den Auslauf des Werkzeuges, an die Gefahr des Verspannens, an die Bearbeitungszeit, das Messen, das Fügen und — wenn es sich um die Mähmaschinen handelt — an Sonne, Staub und Regen und an die Instandsetzungsarbeiten.

Denn das Werkstück entsteht erstmals nicht in der Werkstätte, es entsteht im Kopf, in der Vorstellung des Konstrukteurs. Und so sind *Werkstück* und *Zeichnung* auch die wichtigsten Erzieher des Konstrukteurs.

Auch dann, wenn der junge Konstrukteur in den ersten Jahren der Berufsausübung nicht selbständig entscheidet und der Abteilungsleiter ihm in manchen Fällen die Verantwortung abnimmt, soll er sich stets über den Sinn der Anordnung klar sein; nur so wird er reif für einen größeren Wirkungskreis. Der Wille zum selbständigen konstruktiven Schaffen muß gestärkt, die zwischen Wollen und Können bestehende Spanne verringert werden.

Der Zusammenhang zwischen Zeichnung und Werkstück, der in den folgenden Abschnitten behandelt wird, ist auch bei der Vorbereitung auf den Konstrukteurberuf, während der Praktikantenzeit und während des Studiums immer wieder zu beachten. Es handelt sich dabei nicht bloß um Wissen und Kenntnisse, sondern um das *Einfühlen in die konstruktive Gesamtarbeit.*

Denn wenn hier vom *Maschinenzeichnen des Konstrukteurs* die Rede ist, so ist nicht nur an den zeichnerischen Teil der Arbeit gedacht, die oft ein Zeichner nach Angaben des Konstrukteurs ausführt, sondern an alle jene Gedanken, Entschlüsse und Maßnahmen, die der Konstrukteur in der Zeichnung festlegt und damit in seiner Sprache an die Ingenieure und Facharbeiter weitergibt, die mit Herstellung, Vertrieb und Wartung der Maschinen und Geräte betraut sind.

Am Arbeitsplatz des Konstrukteurs treffen sich die Anregungen, Wünsche und Forderungen, die vom Verbraucher, aus den Werkstätten und vom Forscher kommen.

In der Fähigkeit des Konstrukteurs, die auf ein Bauteil einwirkenden Einflüsse sich vorstellen, sich vergegenwärtigen zu können, in der Fähigkeit, aus einer Skizze oder Zeichnung die konstruktive Entwicklungsgeschichte einer Bauform, den

Werdegang durch die Werkstätten, das Verhalten im Betrieb und bei Betriebsgefahr ablesen zu können, liegt ein Merkmal für die Berufseignung.

Die Werkzeichnung ist daher weit mehr als die zeichnerische Darstellung eines einzelnen Werkstückes, sie verknüpft die Forschung und wissenschaftliche Arbeit, die Entwicklungsgeschichte der Bauform, deren Berechnung und Beanspruchung im Betrieb mit der Fertigung, mit dem Werkstoff — kurz: *mit der Herstellung* (s. Abschn. 3).

Das Erbe der Vergangenheit behütend und verwertend, an der Seite der Mitarbeiter in der Gegenwart bauend und schaffend, Zukünftigem den Weg bereitend — so wird der zeichnende, entwerfende Konstrukteur zum Träger des konstruktiven Fortschrittes![1]

1. Grundlagen der Zeichnung.

1.1 Zeichnungsarten.

Nach dem Inhalt unterscheidet man:

1. *Übersichtzeichnungen* (Zusammenstellungszeichnungen oder Gesamtdarstellungen), die eine Maschine oder einen selbständigen Maschinenteil im zusammengebauten Zustand zeigen.
2. *Gruppenzeichnungen*, auf denen eine Gruppe zusammengehöriger Teile dargestellt ist.
3. *Teilzeichnungen*, die nur *ein* Werkstück oder einige *einzeln* gezeichnete Werkstücke enthalten.

Nach der Verwendung kann man die Zeichnungen einteilen in:

1. *Entwurfzeichnungen*, die Entwürfe zu den im folgenden genannten Zeichnungen darstellen.
2. *Angebotzeichnungen.*
3. *Werkzeichnungen*, nach denen die Werkstätten den Auftrag ausführen.
4. *Zeichnungen der Modelle, Gesenke, Vorrichtungen, Schnitte* usw.; Zeichnungen von Guß- und Schmiedeteilen, Ersatzteilzeichnungen, Bearbeitungspläne.
5. *Richtzeichnungen* oder Rüstzeichnungen (Montage-Zeichnungen), für den Zusammenbau (oder das Fügen) und die Aufstellung.
6. *Aufstellungs-* und *Einmauerungszeichnungen.*
7. *Rohrpläne* für das Verlegen von Rohrleitungen.
8. *Schaltpläne* und *Leitungspläne* für elektrische Leitungen, Wickelpläne.

Ferner seien erwähnt:

Genehmigungszeichnungen (zur Vorlage an den Besteller),
Patent- und Gebrauchsmusterzeichnungen,
Zeichnungen für die Anfertigung von Druckstöcken, von Lichtbildern usw.

Nach der Herstellung unterscheiden wir:

a) *Blei-Zeichnungen* (als Unterlage für die Stammpause), meist auf lichtdurchlässigem dünnem Zeichenpapier. Für sehr wichtige, umfangreiche Zeichnungen auf starkem Papier.

b) *Stammzeichnungen*, die längere Zeit aufbewahrt werden sollen, auf starkem Papier, mit Tusche ausgezogen.

c) *Stammpausen* (Urpausen): 1. auf Klarpapier (Transparentpapier), Klargewebe (Pausleinen), Ölklarpapier (Ölpauspapier) oder Zeichenfolie (Arcasol H oder

[1] Volk, C.: Der konstruktive Fortschritt. 3. Aufl. Berlin/Göttingen/Heidelberg: Springer 1953.

Kodak-Klarzell), mit Tusche ausgezogen; 2. auf Klarpapier oder Bleistiftleinen, Linien in Blei, Mittellinien, Maßpfeile, Maßzahlen und Beschriftung in Tusche.

d) *Vervielfältigungen*: Durchpausen, Lichtpausen auf Naß-, Trocken- oder Feuchtpapier, Photos, Lichtbilder, Drucke (durch Druckverfahren vervielfältigte Zeichnungen) usw.

1.2 Blattgrößen, Maßstäbe und Linien.

1.21 Blattgrößen.

Für die Blattgrößen gelten die Normen[1] der folgenden Zahlentafel (vgl. Bild 10.01[2]).

Blattgrößen nach DIN 823, 6771 und 6781.

Maße in mm

Blattgröße	A 0	A 1	A 2	A 3	A 4	A 5	A 6
Unbeschnittenes Blatt	880×1230	625×880	450×625	330×450	240×330	165×240	120×165
Schneidlinie auf der Stammzeichnung, beschnittene Lichtpause (Fertigblatt)	841×1189	594×841	420×594	297×420	210×297	148×210	105×148
Blattumrandung Abstand a Abstand b	5 5	5 5	5 5	5 20*	5 20*	5 20*	5 20*

* Heftrand bei Verwendung als Einzelzeichnung. Werden Formate über A 3 in Teilblätter aufgeteilt (zerschnitten), so ist der Abstand b = 5 mm (s. Bild 82.01).

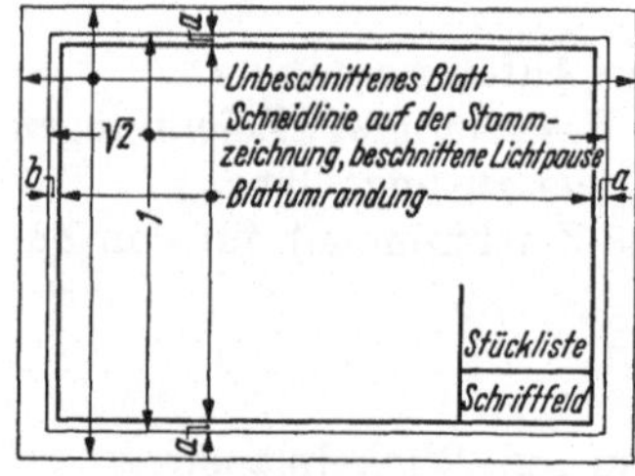

Bild 10.01. Blattgrößen.

A 4 (210×297) ist das Format der Normblätter und des Einheitsbriefbogens. Die Fläche des Fertigblattes A 0 ist 1 m², die Fläche von A 1 beträgt 0,5 m² usw. Die kurze Seite verhält sich zur langen wie $1 : \sqrt{2}$.

Blätter mit diesem Seitenverhältnis haben die Eigenschaft, daß bei der Hälftung oder Verdoppelung der Blattfläche das Seitenverhältnis seinen Wert behält, die Blätter also untereinander ähnlich bleiben. Das zweimal zusammengelegte Blatt A 2 ergibt A 4 usw.

Die Zahlenwerte von DIN 823 sind dem Normblatt DIN 476 entnommen, das für Papierformate gilt. Die neue Ausgabe von DIN 823, Mai 1937, enthält noch die Blattgrößen 2 AO = 1189 × 1682 und 4 AO = 1682 × 2378.

Die Blätter können in Hoch- und Längslage verwendet werden, bei den kleinen Blättern kommt die kurze Seite meist nach unten. Die einmal gewählte Blattlage

[1] *Verbindlich* für die Angaben der DIN-Normen sind die jeweils ***neuesten*** Ausgaben. *Dies gilt für alle in diesem Buch enthaltenen Hinweise auf die Normen.*
Erhältlich sind die Normblätter beim Beuth-Vertrieb GmbH., Berlin und Köln.

[2] Bei den Bildnummern geben die Zahlen bis zum Punkt die Seite und die folgenden die Reihenfolge der Bilder auf dieser Seite an.

soll man beim Aufzeichnen *aller* Teile beibehalten. Sehr lange oder sehr hohe Blätter erhält man durch Aneinanderreihen mehrerer Blattgrößen, z. B.

$$210 \times 297 + 210 \times 297 = 210 \times 594.$$

1.22 Das Falten der Zeichnungen.

Zum Einheften in Ordner des Formates A 4, zum Ablegen und zum Postversand sind die Pausen der Zeichnungen nach Bild 11.01 zu falten. Beim Falten verwendet man zwei Schablonen von 210 und 185 mm Breite und 297 mm Höhe, oder man bringt zwischen Zeichnungsumrandung und Schneidlinie (Bild 80.01 und 81.01) Faltmarken an. Für die Formate A 2 und größer wird von *a* aus ein dreieckiges Stück der Pause (Falte 2) nach hinten gefaltet, damit bei der vollständig gefalteten Zeichnung nur das linke untere Feld gelocht wird (Lochmarke!).

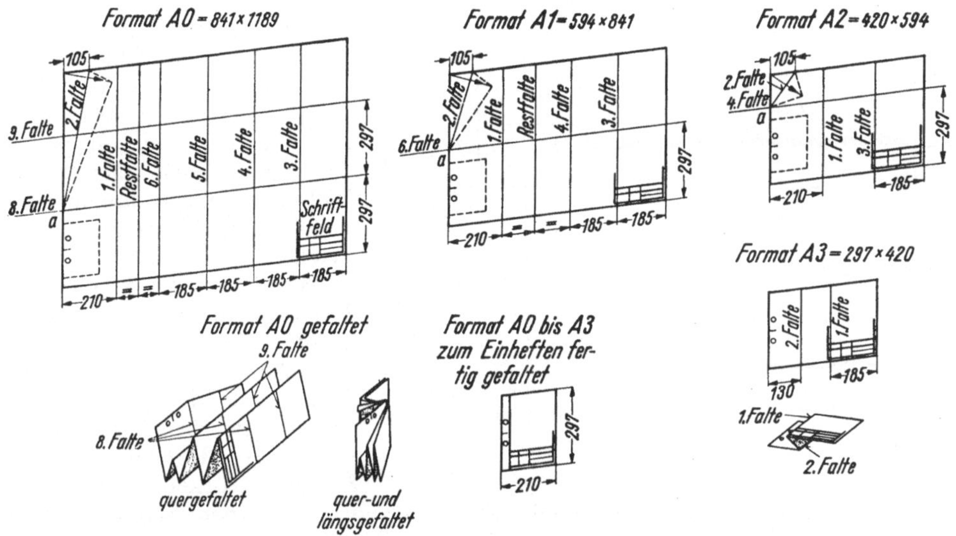

Bild 11.01. Zeichnungsfaltungen.

1.23 Maßstäbe.

Als Maßstäbe (M) sind nach DIN 823 zu benutzen:
für natürliche Größe M 1 : 1,
für Verkleinerungen M 1 : 2,5, 1 : 5, 1 : 10, 1 :20, 1 :50, 1 :100, 1 :200, 1 :500, 1 :1000
und für Vergrößerungen M 2 : 1, 5 : 1, 10 : 1.

Bei Vergrößerung sehr kleiner Teile wird empfohlen, eine Darstellung in natürlicher Größe ohne Maße hinzuzufügen.

Der Maßstab der Zeichnung ist im Schriftfeld der Stückliste anzugeben. Sind auf dem gleichen Blatt verschiedene Maßstäbe verwendet, so sind alle Maßstäbe im Schriftfeld aufzuführen und außerdem bei den zugehörigen Darstellungen zu wiederholen.

1.24 Linien in Tusche:

Wir unterscheiden nach Bild 12.01: Vollinien *a* und *b*, Strichlinien *c*, Strichpunktlinien *d* und *e* und Freihandlinien *f* und *g*.

Für Ansichten oder Schnitte ein und desselben Teiles sind nur Linien einer Liniengruppe zu verwenden. Je nach Größe und Art der Zeichnung ist die noch verwendbare Liniengruppe mit den dicksten Linien zu wählen.

Die *starken Vollinien a* werden für sichtbare Kanten und Umrisse verwendet. Die *dünnen Vollinien b* gelten für Querschnitte, die in die Zeichenebene gedreht sind (Bild 16.02), für Oberflächenzeichen (Bild 38.02) und Bezugshaken (Bild 39.04), Umrisse benachbarter Teile (Bild 33.04), Gewindebegrenzungslinien (Bild 44.01), Maß- und Maßhilfslinien (Bild 26.01 und 26.05), Schraffung von Schnittflächen (Bild 18.03), Bezugslinien bei Teilnummern (Bild 20.02), Diagonalkreuze (Bild 31.06) und Biegekanten bei Blechabwicklungen.

Bei *Strichlinien c* sind die Striche ziemlich lang zu ziehen, die Zwischenräume kurz zu halten, damit ein ruhiger Eindruck entsteht. Die Länge der Striche ist der Dicke und Gesamtlänge der Linie anzupassen. Strichlinien werden verwendet für unsichtbare (verdeckte) Kanten und Umrisse, für Kernlinien bei Bolzengewinde (Bild 41.01) und Außendurchmesser bei Muttergewinde (Bild 41.02), für Fußkreise von Schnecken (Bild 47.06) und Zahnrädern (Bild 48.01) usw. Unsichtbare Kanten sind nur dann zu zeichnen, wenn dadurch die Form klarer wird. Viele gestrichelte Linien verwirren die Zeichnung und machen sie unschön.

	Liniengruppe	1,2	0,8	0,5	0,3
a		1,2	0,8	0,5	0,3
b		0,3	0,2	0,1	0,1
c		0,6	0,4	0,3	0,2
d		0,4	0,3	0,2	0,1
e		1,2	0,8	0,5	0,3
f		0,6	0,4	0,3	0,2
g		0,3	0,2	0,2	0,1

Bild 12.01. Linien.

Strichpunktlinien d (der Punkt ist als kurze Linie auszuführen!) werden benutzt für Mittellinien, Lochkreislinien, ferner für Teilkreise von Zahnrädern, Bearbeitungsangaben (z. B. bei Darstellung von Schmiedestücken, Bild 74.01), und für Teile, die *vor* dem dargestellten Gegenstand oder *vor* dem Schnitt liegen, Bild 19.03 (möglichst zu vermeiden!), ferner bei der Umgrenzung herausgezeichneter Einzelheiten (Bild 100.03) und Grenzstellungen von Hebeln, Schaltgriffen usw.

Kräftige Strichpunktlinien e dienen zur Angabe des Schnittverlaufes (Bild 18.02, 18.03 und 19.03), die Striche sind kürzer als bei Mittellinien.

Freihandlinien f werden verwendet zur Angabe von Bruchkanten von Metallen, Isolierstoffen, Steinen usw. und Sprengfugen. Man ziehe die Bruchlinie nicht zu unruhig. Bruchlinien bei Wellen: Bild 24.04; Bruchlinien bei Rohren: Bild 24.06.

Bruchkanten bei Holz sind *Freihandlinien g* in Zickzackform (Bild 24.02), in gleicher Strichdicke werden die Holzquerschnitte und Holzoberflächen dargestellt.

1.25 Schrift.

Bild 13.01 zeigt Zahlen und Buchstaben nach DIN 16, und zwar die 12 mm und 8 mm hohe, schräge Normschrift. Anfänger mögen an Hand der „Hilfsnetze" (auf der Rückseite des Normblattes) die Schrift üben.

Die Vorzugsnennwerte der Schriftgröße für die großen Buchstaben, die kleinen Buchstaben *b, d, g* usw. und die Zahlen sind 2, 2,5, 3, 4, 5, 6, 8, 10, 12, 16, 20 und 25 mm, für die übrigen kleinen Buchstaben $^5/_7$ davon (d. h. Höhe von $a = {}^5/_7$ der Höhe von *A* oder *b*).

Die Schrift ist um 75° gegen die Waagrechte geneigt, die Dicke beträgt $^{1}/_{7}$ der Schrifthöhe.

Zeilenabstand = $1^{1}/_{7}$ × Höhe der großen Buchstaben.

Die Schriften unter 4 mm Höhe werden am besten mit Kugelspitzfedern geschrieben oder mit einer *nur* für das Schreiben bestimmten Ziehfeder. Die Schriften bis 16 mm schreibe man mit Redisfedern, die größeren Schriften mit den üblichen Schriftschablonen.

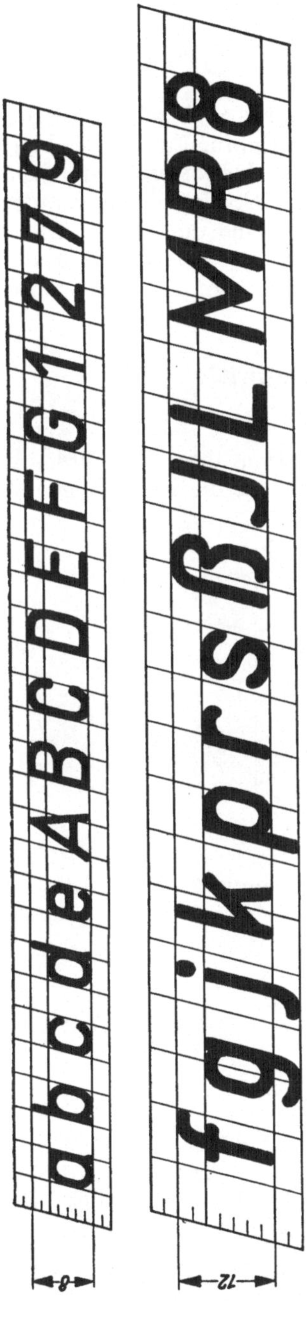

Bild 13.01. Schräge Normschrift (Mittelschrift) für Beschriftung von Zeichnungen (DIN 16).

1.26 Das Ausziehen.

Schon in der Bleizeichnung sind alle Kreise über 3 mm Halbmesser mit dem Zirkel zu ziehen. Bei größeren Kreisen, an die sich gerade Linien anschließen, ist der Anfangspunkt des Kreises durch Fällen eines Lotes anzugeben. Den Übergangspunkt zweier sich berührender Kreise erhält man durch die Verbindungslinie der beiden Mittelpunkte.

Beim Ausziehen zieht man zuerst (mit einem an der Reißschiene geführten Dreieck) die lotrechten Mittellinien, dann mit der Schiene die waagrechten Mittellinien (Strichpunktlinien).

Darauf folgen erst die großen Kreise, dann die kleinen mit mehr als 3 mm Halbmesser, dann die lotrechten, darauf die waagrechten und die schrägen Umfangslinien, dann Maßhilfslinien und Maßlinien.

Nun zieht man freihändig die kleinen Abrundungen und die etwa noch fehlenden kleinen Anschlußlinien zwischen Geraden und Bogen.

Dann folgen: Maßpfeile, Maßzahlen, Oberflächenzeichen, Stückliste, Teilnummern.

Zum Schluß werden die Querschnitte geschrafft.

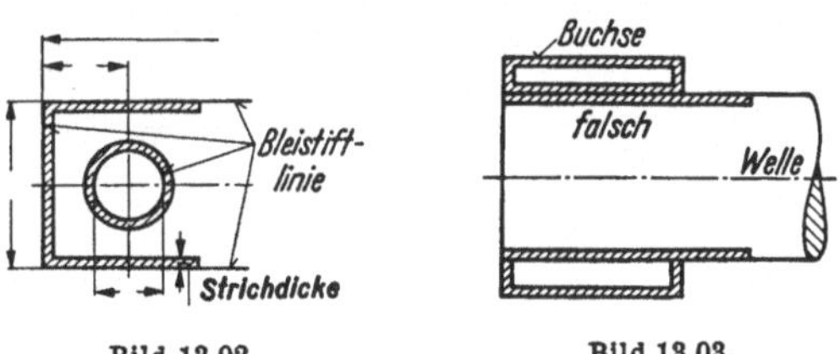

Bild 13.02. Bild 13.03.

Verteilung der Strichdicke beim Ausziehen von Bleizeichnungen mit Tusche.

Bei Ausziehen oder Pausen einer Bleizeichnung setzt man die Strichdichte einseitig zum Bleistiftstrich (Bild 13.02). In Übersichtzeichnungen, wo zwei oder mehrere Teile gemeinsame Begrenzungslinien haben, kann man so nicht verfahren, sonst würde sich auf die Längen der gemeinsamen Linien doppelte Strichdicke ergeben, wie oberhalb der Mittellinie in Bild 13.03 dargestellt. Man verfährt, wie unterhalb der Mittellinie gezeigt.

Das für das betriebsmäßige Arbeiten zweier Teile (z. B. einer Buchse auf einer Welle) notwendige Spiel wird nicht gezeichnet, sondern ergibt sich aus den Maßen der Einzelteile. Dagegen ist das Spiel zwischen einer Schraube und ihrem Durchgangsloch stets zu zeichnen, u. U. übertrieben, besonders dann, wenn es nur einige Zehntel Millimeter beträgt.

1.27 Linien in Blei.

Bleizeichnungen müssen auf durchscheinendem Papier und mit kräftigen, scharfen Bleistiftstrichen (nur gute Bleistiftsorten verwenden, für Entwurf nicht zu hart, Spitze kegelförmig; zum Nachziehen härter, Spitze keilförmig) hergestellt werden. Damit auf den Lichtpausen die Kreise die gleiche Stärke wie die geraden Linien erhalten, setzt man in den Bleieinsatz des Zirkels eine um 1 bis 2 Grade weichere Bleimine ein oder man zieht die Kreise mit *verdünnter* Tusche aus. Dabei empfiehlt es sich, die Maßzahlen, Maßpfeile, Schrift, Teilnummern und wichtige Bezugslinien in Tusche einzutragen.

1.3 Wahl der Ansichten und Schnitte[1].

1.31 Ansichten.

Die Maschinenteile werden nach dem aus Bild 14.01 ersichtlichen Verfahren abgebildet. Die Bildebenen oder Projektionsebenen werden, wie die Pfeile zeigen, in

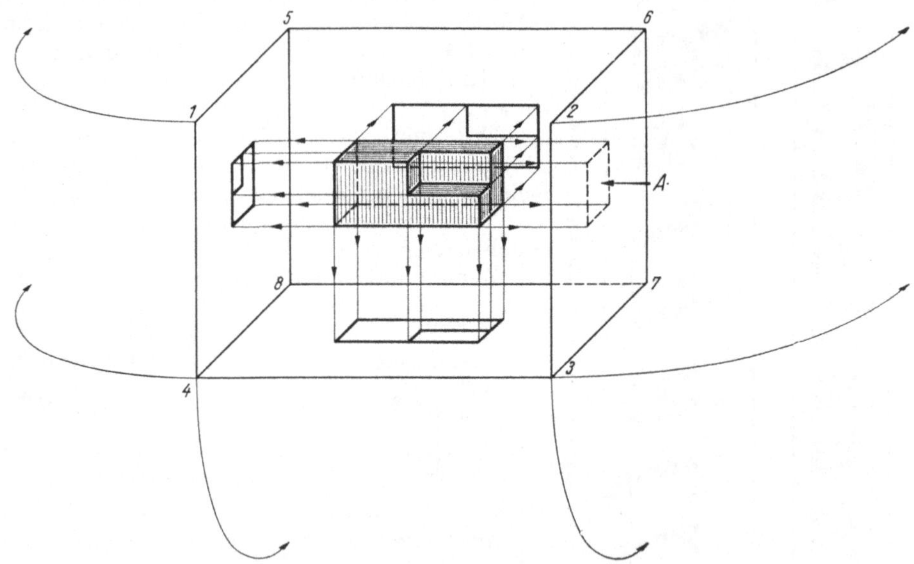

Bild 14.01. Entstehung der Ansichten (Projektionen).

eine Ebene ausgebreitet. Meist kommt man mit Hauptansicht (Aufriß) 5–6–7–8, Seitenansicht von links (Seitenriß) 2–6–7–3 und Draufsicht (Grundriß) 4–8–7–3 aus. Mitunter ist auch noch die Seitenansicht von rechts 1–5–8–4 erforderlich. Bestimmen auch diese 4 Ansichten eine Maschine, ein Gerät oder ihre Einzelteile nicht

[1] Vgl. C. Volk: Die maschinentechnischen Bauformen und das Skizzieren in Perspektive. 9. Aufl. Berlin/Göttingen/Heidelberg: Springer 1949.

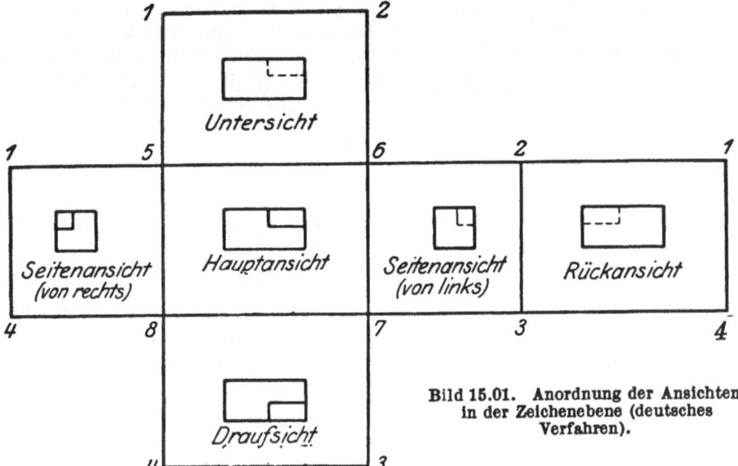

Bild 15.01. Anordnung der Ansichten in der Zeichenebene (deutsches Verfahren).

eindeutig, so sind Rückansicht 1–2–3–4 und Untersicht 1–5–6–2 hinzuzufügen. Die Ansichten sind genau nach Bild 15.01 anzuordnen. Es *muß* also die Draufsicht *unter* der Hauptansicht gezeichnet werden, die Seitenansicht von links *rechts* (!) von der Hauptansicht, die Untersicht *über* ihr! Ist für ein Bild an der vorgeschriebenen Stelle kein Platz oder wird eine Ansicht nachträglich hinzugefügt, so muß durch Aufschrift oder Pfeil die Sehrichtung angegeben werden (Bild 19.03). Hierzu bemerkte C. Volk: Ich erinnere mich aus meiner eigenen Anfängerpraxis eines Falles, daß ich bei einem Gußstück, das unten und oben einige Aussparungen hatte, die Draufsicht aus Platzmangel *über* die Hauptsicht gezeichnet habe, ohne auf diesen Umstand besonders hinzuweisen. Das Gußstück wurde dadurch Ausschuß.

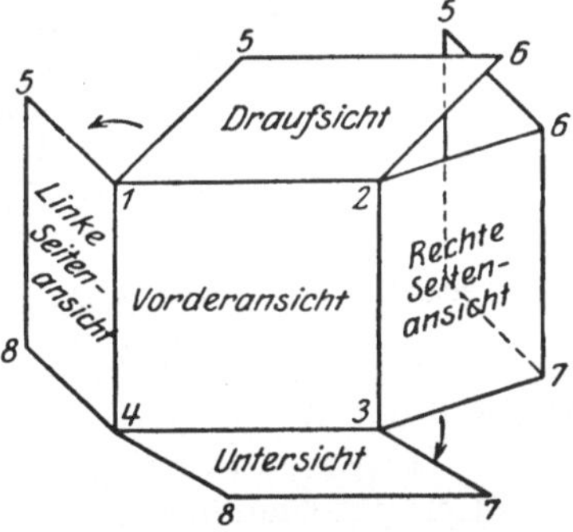

Bild 15.02. Umlegen der Ansichten bei amerikanischen Verfahren.

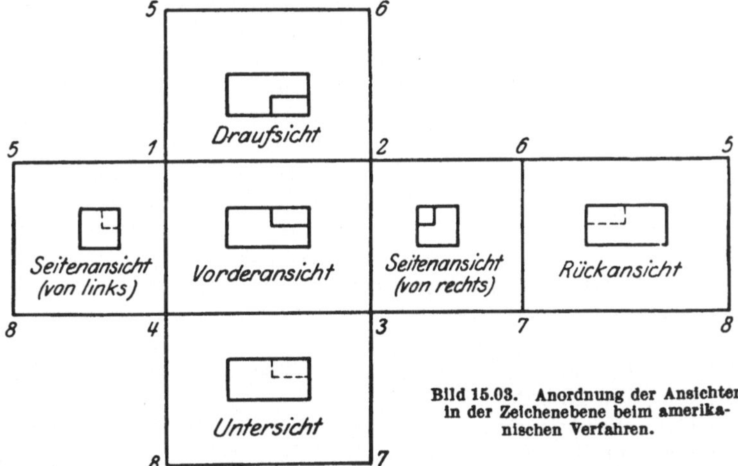

Bild 15.03. Anordnung der Ansichten in der Zeichenebene beim amerikanischen Verfahren.

In Amerika und einigen europäischen Ländern (z. B. Holland) ist ein anderes Verfahren üblich. Dabei muß man sich die Bildflächen von Bild 14.01 aus Glas denken. Der Beschauer, der die rechte Seitenansicht darstellen soll, steht in A, betrachtet die rechte Seite und zeichnet das Bild des Körpers auf die Glasplatte 2-6-7-3. Dann werden die Glaswände nach Bild 15.02 auseinandergeklappt. Aus Bild 15.03 ist der Zusammenhang zwischen den einzelnen Bildern ersichtlich. — Beim Lesen amerikanischer Zeichnungen sind die Unterschiede gegen die Darstellung nach Bild 15.01 wohl zu beachten. — Soll nach amerikanischen Zeichnungen in deutschen Werkstätten gearbeitet werden, so sind sie umzuzeichnen oder mit genauen Angaben über die Sehrichtung zu versehen.

Als Hauptansicht wähle man jenes Bild des Körpers, das seine Gestalt am besten kennzeichnet und eine gute Darstellung der Draufsicht und Seitenansicht ermöglicht. Die Übersichtzeichnung soll die Maschinenteile in der *Gebrauchslage* zeigen, also *stehend* für stehend gebrauchte, *liegend* für liegend gebrauchte Maschinenteile. Auf den Teilblättern wählt man für die Einzelteile entweder die mit der Hauptansicht übereinstimmende *Gebrauchslage* oder (besser) die durch die Hauptbearbeitung bestimmte *Arbeitslage* (z. B. lege man bei Drehteilen die Längsachse waagrecht).

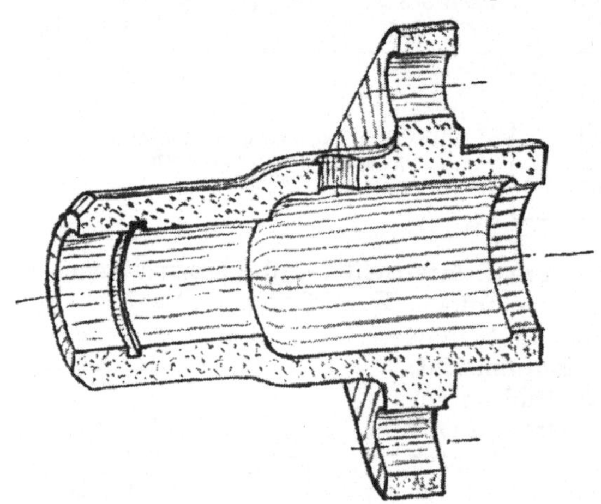

Bild 16.01. Ventilaufsatz im Längsschnitt. (Arbeitslage.)

1.32 Schnittdarstellung.

Hohlkörper, Gehäuse, Teile mit Bohrungen usw. sind im *Schnitt* darzustellen. Dabei denkt man sich einen Teil des Werkstückes weggeschnitten und betrachtet den übrigbleibenden Teil (Bild 16.01).

Bei Längsschnitten ist die Schnittebene gleichlaufend zur Aufrißebene, bei Querschnitten gleichlaufend zur Seitenrißebene, bei Waagrechtschnitten gleichlaufend zur Grundrißebene.

Der Schnittverlauf ist, falls erforderlich, durch starke Strichpunktlinien anzugeben, die Sehrichtung durch Pfeile zu kennzeichnen (Bild 18.02, 18.03 u. 19.03). Der Anfangs- und Endpunkt und die Knickpunkte des Schnittverlaufes werden durch große Buchstaben gekennzeichnet. Der Verlauf des Schnittes wird durch Anfangs- und Endpunkt in Verbindung mit dem Wort *Schnitt* über der Zeichnung angegeben, z. B.: *Schnitt E—F* und *Schnitt G—K* in Bild 19.03.

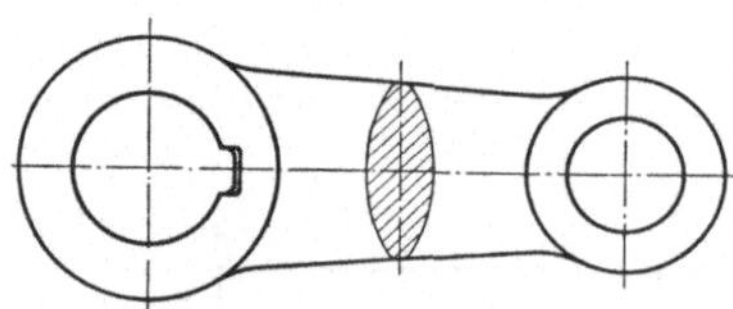

Bild 16.02. Hebel, vereinfachte Querschnittsdarstellung.

Teile, die *vor* dem Schnitt liegen, sollen nur *ausnahmsweise* angegeben werden und sind dann mit schwachen Strichpunktlinien zu zeichnen (s. Rückansicht in Bild 19.03). Ausnahmsweise können in eine Ansicht auch Schnitte eingetragen werden, die in einer zur Bildebene senkrecht stehenden Ebene liegen, also gleichsam um 90° gedreht sind. Die entsprechenden Querschnittsfiguren erhalten dann *dünne* Vollinien (Bild 16.02).

Ähnliche Darstellungen sind namentlich üblich für die Querschnitte von Radarmen. Fallen jedoch die Umrißlinien des Querschnittes teilweise mit Kanten des

Armes zusammen, z. B. bei ⊥-, I- und kreuzförmigen Querschnitt, dann ist zu empfehlen für den Bereich des Querschnittes den Arm zu unterbrechen (Bild 92.03 und 92.04).

Einzelheiten über Schnitte.

1. Volle runde Stücke, Bolzen, Schrauben, Keile, Niete, Wellen, Spindeln usw. werden in der Längsrichtung nicht geschnitten (Bild 17.01, 17.03 und 17.04).

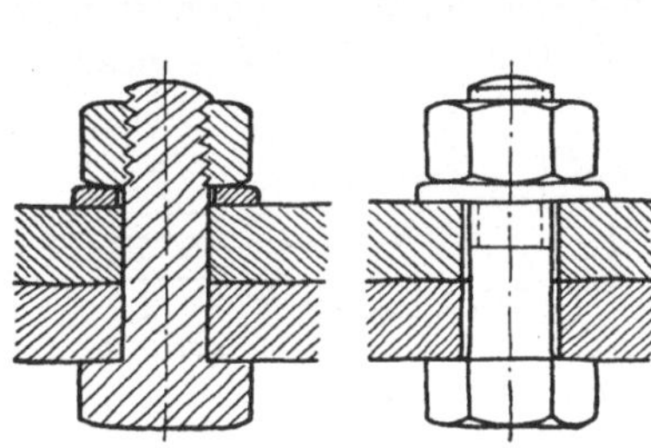

Bild 17.01 Falsch. Bild 17.02. Richtig. Mutterschraube.
Zu Bild 17.01: Bolzen, Kopf und Mutter nicht schneiden, Gewinde zu kurz. Nichteingepaßte Schrauben müssen Spiel haben (Doppellinie!).

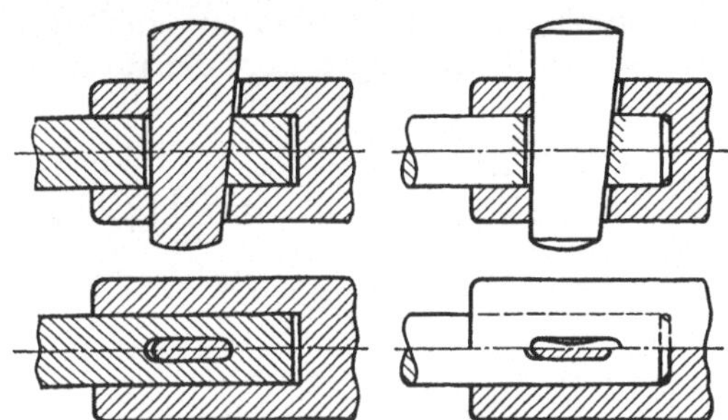

Bild 17.03. Falsch. Bild 17.04. Richtig. Querkeilverbindung.
Zu Bild 17.03. Stange nicht (oder nur am Keilloch) schneiden, Keil in Längsrichtung nicht schneiden. Stangenende muß rechts anliegen.

2. Rippen, Arme usw. werden in der Längsrichtung nicht geschnitten (Bild 17.05), sondern in Ansicht in das Schnittbild gezeichnet (Bild 17.06).

3. Zusammenstoßen von Schnitt und Ansicht: Wird ein Werkstück nur teil-

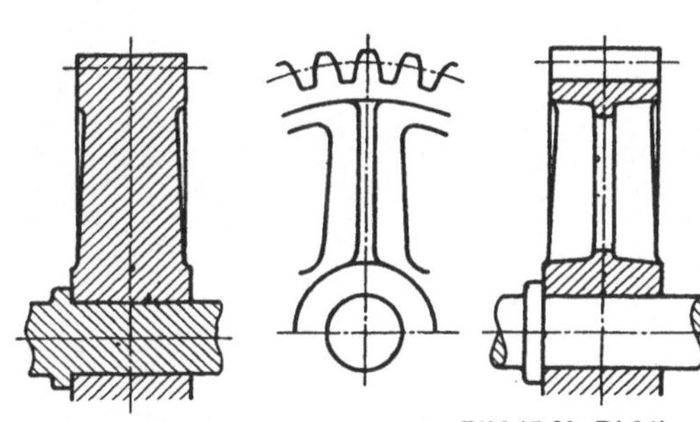

Bild 17.05. Falsch. Bild 17.06. Richtig. Zahnrad im Schnitt.
Zu Bild 17.05. Durch Bund, Welle, Zahn und Rippe nicht schneiden.

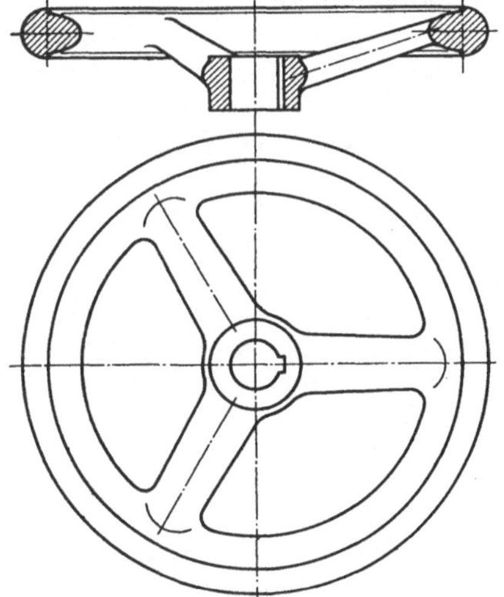

Bild 17.07. Genormtes Handrad, Hauptansicht im Schnitt, Draufsicht in Ansicht.

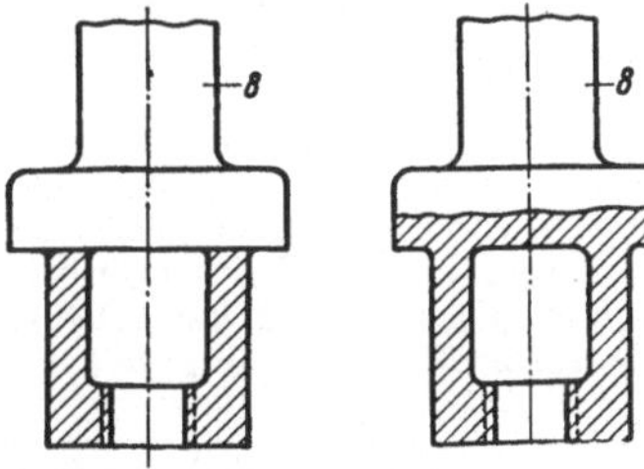

Bild 17.08. Falsch. Bild 17.09. Richtig. Ein Werkstück.

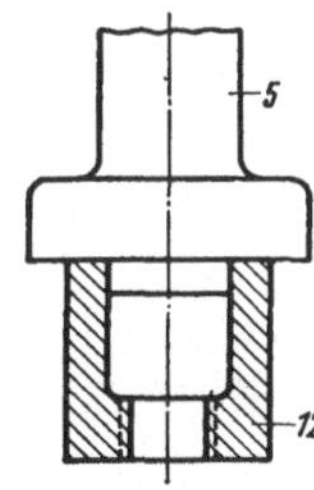

Bild 17.10. Richtig, aber unklar. Bild 17.11. Richtig und eindeutig Zwei Werkstücke.

weise geschnitten, so sollen Ansicht und Schnitt nicht in einer Umfangslinie oder Körperkante, sondern in einer Bruchlinie zusammenstoßen (Bild 17.08 und 17.09).

Bild 17.10 stellt *zwei* Werkstücke (Teilnummer 5 und 12) dar. Die Zeichnung ist zwar richtig, doch ist Bild 17.11 vorzuziehen.

Die Welle mit den beiden verschiedenen Zapfen *a* und *b* nach Bild 18.01 ist zwar durch Hauptansicht und die beiden Seitenansichten eindeutig bestimmt. Um jedoch die Maße für die Keilnuten den Seitenansichten entnehmen zu können, muß der Fräser mit den Augen über die Hauptansicht wandern, was störend sein kann,

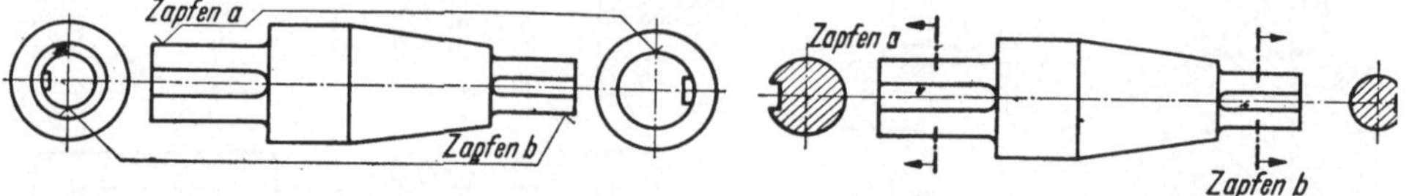

Bild 18.01. Welle mit 2 Zapfen nach dem reinen (deutschen) Ansichtsverfahren.

Bild 18.02. Welle mit 2 Zapfen, beide Zapfen geschnitten.

zumal wenn es sich um eine lange Welle handelt, welche wohl möglich die ganze Länge der Zeichnung einnimmt. Zweckmäßiger ist, wie Bild 18.02 zeigt, Schnitte durch die Zapfen zu legen; dann findet der Fräser unmittelbar neben den beiden Zapfen die Keilnutenmaße.

Um bei dem Ventildeckel nach Bild 18.03 erkennen zu können, wie tief das Gewinde der Stehbolzen, wie die Ansätze gestaltet sind und gegen welche Flächen sich die Köpfe der Hammerschrauben beim Anziehen der Stopfbuchse abstützen, ist die Hauptansicht im Längsschnitt und die Seitenansicht im Querschnitt zu zeichnen. Das Zeichnen dieser letzten Ansicht kann man sich ersparen, wenn man beide Schnitte nur zur Hälfte ausführt, d. h. man schneidet, wie die Draufsicht zeigt, nur ein Viertel aus dem Deckel. Der Schnitt $B—C$ wird um B solange in Pfeilrichtung gedreht bis er parallel zur Aufrißebene wird. In den Schnitt $B—C$ dreht man zweckmäßig das im dritten Quadranten sitzende Schraubenloch hinein (eine besondere Angabe hierfür ist in der Draufsicht nicht erforderlich) und zeichnet es in den Schnitt $A—C$ ein.

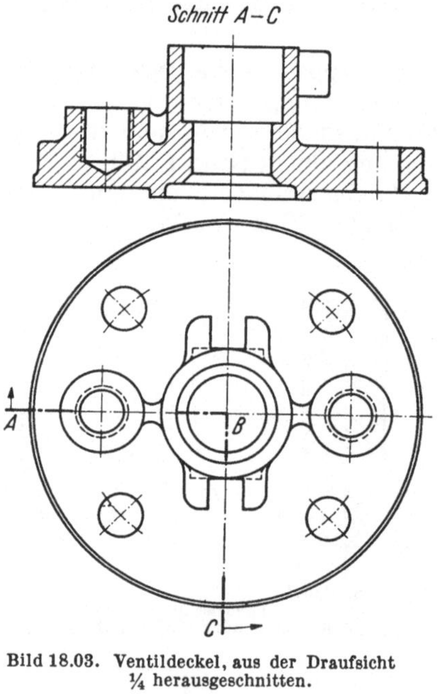

Bild 18.03. Ventildeckel, aus der Draufsicht ¼ herausgeschnitten.

Denkt man sich noch das Ventilgehäuse und die Sechskantschraube nebst Mutter hinzugezeichnet, so kann man erst durch diese Darstellung erkennen, ob für Kopf und Mutter ausreichend Platz vorhanden ist. Diese Untersuchung muß man anstellen, weil man bei einem Teil der Deckelschrauben die Sechskantschraube nicht von unten sondern von oben einbringen kann, die Mutter somit unter dem Gehäuseflansch sitzt. Neuerdings verwendet man Stiftschrauben, die in den Gehäuseflansch eingeschraubt sind, der Gehäuseflansch kann im Durchmesser kleiner und damit auch der Deckel kleiner gehalten werden, d. h. die ganze Konstruktion wird gedrängter.

Wird (um Platz und an zeichnerischer Arbeit zu sparen) ein Werkstück halb in Ansicht und halb im Schnitt gezeichnet, so bildet die strichpunktierte Mittellinie gleichzeitig die Trennungslinie zwischen Ansicht und Schnitt, siehe Bild 19.01 und 19.02. Dieses Verfahren soll auf das Zeichnen von Werkstücken beschränkt werden, die symmetrisch zur Trennungsebene liegen.

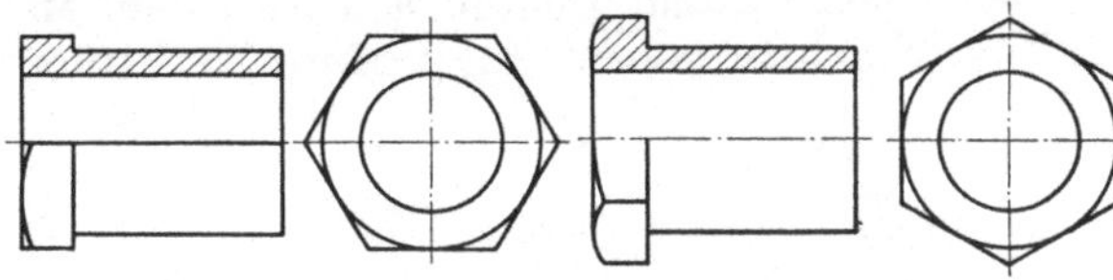

Bild 19.01. Falsch. Stopfbuchse. Bild 19.02. Richtig.

Die Rückwand des *Gehäuses* der *doppeltwirkenden Flügelpumpe* nach Bild 19.03 ist durch eine kreisförmige, eine senkrechte und eine waagerechte Rippe versteift, ihre Form und Lage machen eine Rückansicht des Gehäuses erforderlich.

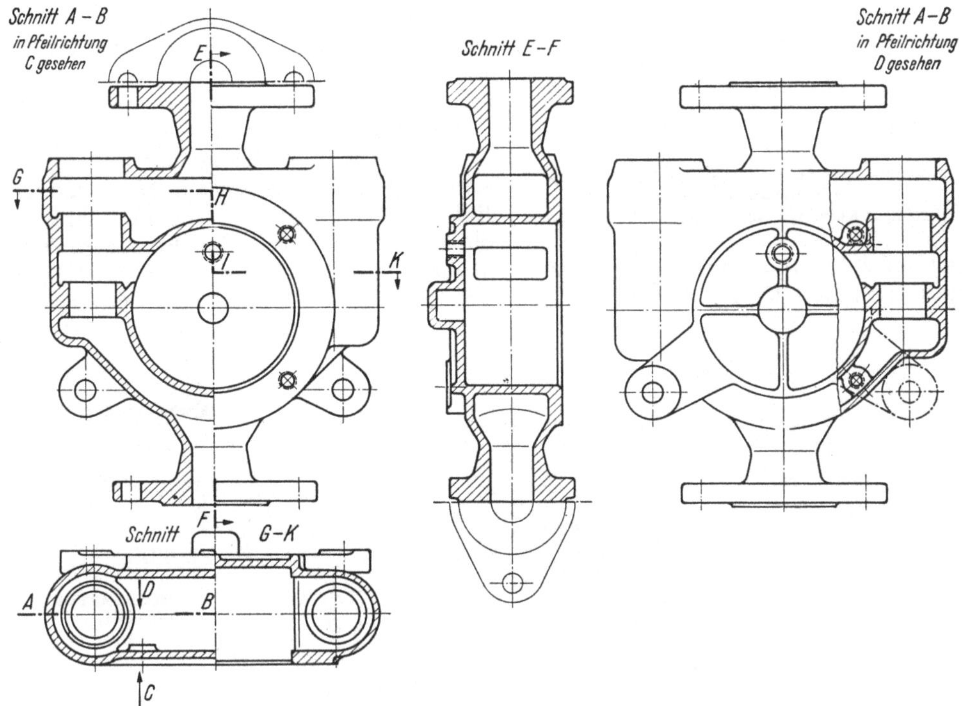

Bild 19.03. Gehäuse einer doppeltwirkenden Flügelpumpe.

Aus dieser Ansicht erkennt man, wie die beiden Befestigungsaugen an das Gehäuse und an die Kreisrippe anschließen. Das rechte Befestigungsauge ist, da es vor der Schnittebene *A—B* liegt, strichpunktiert gezeichnet. In die Rückansicht ist der Schnitt *A—B* in Pfeilrichtung *D* gesehen eingezeichnet; man ersieht aus ihm die Form und Lage der Verstärkungswarzen für das Muttergewinde der Deckelschrauben. Die Höhe dieser Verstärkungen zeigt der Schnitt *G—K* (linke Hälfte).

4. Die Schnittflächen sind *nur* unter 45° zur Grundlinie bzw. Mittellinie gleichmäßig mit dünnen Vollinien zu schraffen.

Die Kennzeichnung des Werkstoffes durch die Art der Schraffen oder durch Anlegen der Schnittfläche mit Farbe ist für Werkzeichnungen fast gar nicht mehr üblich. Das Verfahren ist zeitraubend und gestattet doch nicht, die einzelnen Werkstoffarten, z.B. die verschiedenen Stahlsorten oder NE-Metalle (Nichteisen-Metalle) voneinander zu unterscheiden. Nur bei Holz wird im Querschnitt die Maserung angegeben und für Erdreich sind unregelmäßige Schraffen über Kreuz üblich.

Falls Zeichnungen für Behörden bestimmt sind, die noch die Angabe des Werkstoffes durch Schraffen oder Farbe verlangen, sind die entsprechenden Vorschriften zu beachten (vgl. DIN 201).

Der Linienabstand richtet sich nach dem Maßstab und der Größe des Teiles. Er ist reichlich zu wählen, für größere Werkstücke in Naturgröße rund 3 mm. Die Schraffen sind bei Maßzahlen rings um die Zahl herum zu unterbrechen.

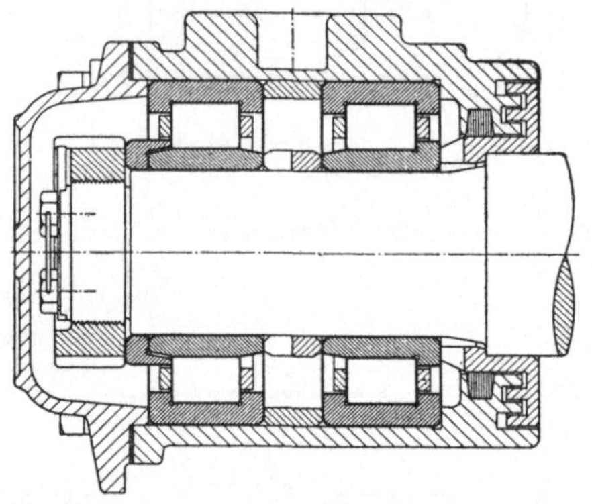

Bild 20.01. Schnittzeichnung eines Rollachslagers für Straßenbahnwagen, (Vereinigte Kugellagerfabriken A.-G., Schweinfurt).

Stoßen in einer Übersichtszeichnung zwei geschnittene Werkstücke oder zwei Hälften eines Werkstückes (z. B. obere und untere Lagerschale), Bild 30.04 bzw. 30.05 aneinander, so wird der eine Teil von links nach rechts, der andre von rechts nach links geschrafft. Muß die Linienlage beibehalten werden, so wähle man den Linienabstand verschieden (s. Gehäuse und Abstandsring zwischen den Außenringen der Rollenlager in Bild 20.01).

iegen in einer Übersichtzeichnung geschnittene Teile winklig zur Hauptmittellinie, so gilt für die Richtung der Schraffen die Mittellinie dieser Teile. Bei einem Winkel von z. B. 45° verlaufen die Schraffen entweder waagerecht oder senkrecht (Teil 10 und 11 in Bild 20.02). Dichtungen größerer Abmessungen, z. B. bei Stopfbuchsen,

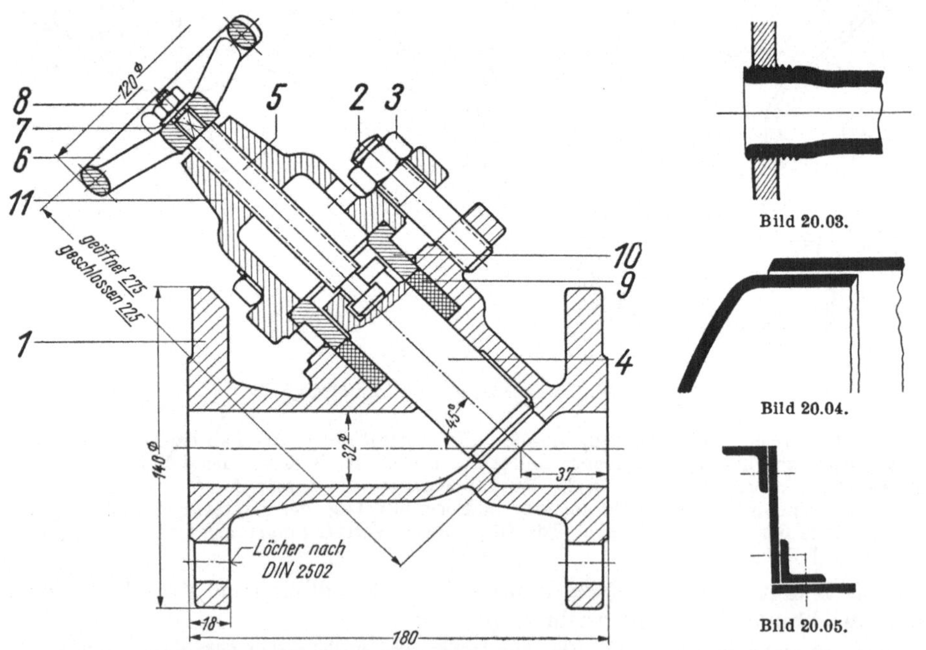

Bild 20.03.

Bild 20.04.

Bild 20.05.

Bild 20.02. Durchgangsventil (Freiflußventil), Übersichtzeichnung. Unterstrichene Maßzahlen s. S. 29 unter 10.

Bild 20.03 bis 20.05. Das Schwärzen von Querschnittflächen:

werden kreuzweise geschrafft (Teil 9 in Bild 20.02) und Deckel- oder Flanschdichtungen geschwärzt Bild 107.01 u. 107.02.

Herausgezeichnete Einzelteile schrafft man (ohne Rücksicht auf die Schraffungsrichtung in der Übersichtzeichnung) in der bequemen Richtung von links unten nach rechts oben (s. Bild 78.01, 82.01 u. 83.01).

Kleinere Querschnittflächen (Buchsen, Deckel- und Flanschdichtungen, Walzprofile, Bleche) werden oft ganz schwarz angelegt (Bild 20.03). Zusammenstoßende schwarze Flächen müssen durch einen Zwischenraum (Bild 20.04 und 20.05) voneinander getrennt werden.

5. Bei unregelmäßigen Hohlkörpern sind mindestens *zwei* Schnitte erforderlich.

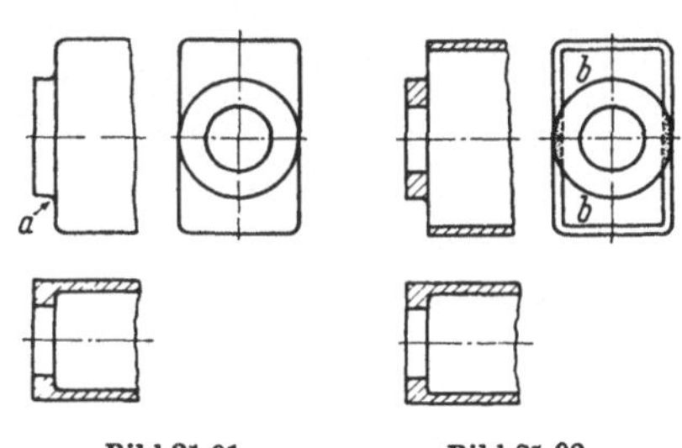

Bild 21.01. Bild 21.02
Rechteckiges Gehäuse.

Von einem rechteckigen Gehäuse mit rundem Ansatz waren zwei Ansichten und nur ein Schnitt gezeichnet worden (Bild 21.01). Die Hauptansicht im Längsschnitt dargestellt (Bild 21.02), hätte dem Konstrukteur gezeigt, daß die Vorderwand fehlt, somit bei *b* zwei Öffnungen entstehen, und daß bei *a* in Bild 21.01 keine Ausrundung möglich ist. Der runde Ansatz und die beiden Seitenwände hängen nur an zwei schmalen, sichelförmigen Stellen zusammen (s. Seitenansicht in Bild 21.02). Der Fehler wurde erst beim Einformen entdeckt, ein gewissenhafter Modellrevisor hätte ihn aber schon vorher feststellen müssen.

1.4 Freihandskizzen.

Skizzieren ist die beste Vorübung zum Zeichnen und Entwerfen.

Im Unterricht findet das Skizzieren meistens nach Modellen und Werkstücken statt (Aufnahmeskizzen); im Selbstunterricht kann das Skizzieren auch nach guten Abbildungen von Maschinenteilen geübt werden. Sehr zu empfehlen ist das Herauszeichnen von Einzelteilen aus Übersichtzeichnungen und das Skizzieren aus der Erinnerung. Im jungen Maschineningenieur muß die Fähigkeit herangebildet werden, technische Anordnungen aller Art — sei es nun ein Dachstuhl oder eine Rohrleitung, ein Einzelteil einer Werkzeugmaschine oder eine Dampfmaschinensteuerung — die er nur kurze Zeit betrachten konnte, später aus dem Gedächtnis skizzieren oder „nacherfinden" zu können. Die zahlreichen Besichtigungen von Anlagen und Werkstätten sind wertlos, falls darüber nicht einige sachgemäße Skizzen und kurze Berichte gefordert werden. Diese Skizzen müssen, da ein Zeichnen an Ort und Stelle nicht möglich ist, aus dem Gedächtnis angefertigt werden.

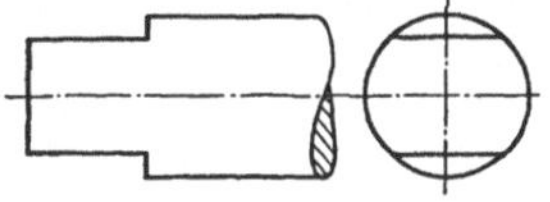

Bild 21.03. Ausgeflächter Zapfen.

Einzelheiten: Bleistift weich und mit kegelförmiger Spitze, ja *nicht flach*! Papier glatt und anfangs ohne Liniennetz, um sich an völlig freihändiges Zeichnen zu gewöhnen. Lotrechte und waagrechte Striche sind bei unveränderter Lage des Papiers zu ziehen, und zwar rasch in einem Zug, nicht mehrmals mit dem Bleistift hin und her fahrend. Zuerst werden stets die Mittellinien gezogen, und um sie herum wird von innen nach außen skizziert. Es ist falsch, die Hauptansicht mit allen Einzelheiten zu skizzieren und dann in gleicher Weise die übrigen Ansichten folgen zu lassen. Die Risse sind mehr oder minder voneinander abhängig, d. h. man skizziere in allen Ansichten gleichzeitig. Soll z. B. ein Wellenende ein Zweikant zum Festhalten (oder Drehen) erhalten, so kann man die Abflachungen nicht allein durch die Hauptansicht festlegen, sondern erst in Verbindung mit der Seitenansicht erkennt man ob die Schlüsselflächen groß genug sind (Bild 21.03).

Das Zeichnen eines Kreises wird erleichtert, wenn man das Tangentenquadrat zu Hilfe nimmt. Oder man benutzt außer den beiden senkrecht zueinander stehenden Mittellinien zwei unter 45° zu diesen liegende Durchmesser, wodurch sich 8 Anhaltspunkte für den Kreis ergeben. Sind eine Reihe von gleichmittigen Kreisen zu skizzieren, so beginnt man stets mit dem kleinsten. Die übrigen können dann leicht mit gleichem Abstand voneinander gezeichnet werden.

Kreisteilungen. Bei 4 Schrauben am Umfang liegen ihre Mitten entweder auf den Mittellinien oder unter 45° zu ihnen. Die Sechsteilung des Umfanges ist leicht mit Hilfe des 60°-Winkels zu schätzen. Bei 8 oder 12 Teilen legt man die Vier- oder Sechsteilung fest und halbiert sie. Nach dem Normen für Flansche dürfen in der waagerechten und senkrechten Mittellinie keine Löcher liegen und die Zahl der Schrauben muß ein Vielfaches von 4 sein. Bei 8 Schraubenlöchern am Umfang geht man von den 45°-Winkel in jedem Quadranten aus und halbiert sämtliche so entstandene 45°-Winkel (*a*, *b* und *c* links im Bild 22.01), bei 12 Löchern sind die wie vor entstandenen 45°-Winkel zu dritteln (*d*, *e* und *f* rechts im Bild 22.01). Wie man bei einem Sperrad mit 16 Zähnen verfährt, zeigt Bild 22.02.

Bild 22.01. Lochkreisteilung.

Bild 22.02. Sperrad.

Die Skizze wird erst in feinen Strichen ausgeführt, wenn erforderlich verbessert, dann kräftig nachgezogen. Die feinen Striche sind so dünn zu ziehen, daß zu lang gezogene oder falsch gezogene Linien in der fertigen Skizze nicht stören und nicht wegradiert werden müssen. Skizzen sollen weder zu flüchtig, noch zu genau ausgeführt werden.

1.41 Aufnahmeskizzen.

Der Gegenstand der Skizze ist in allen erforderlichen Schnitten und Ansichten darzustellen. Alle Maße, die zum genauen Aufzeichnen oder zum Herstellen des

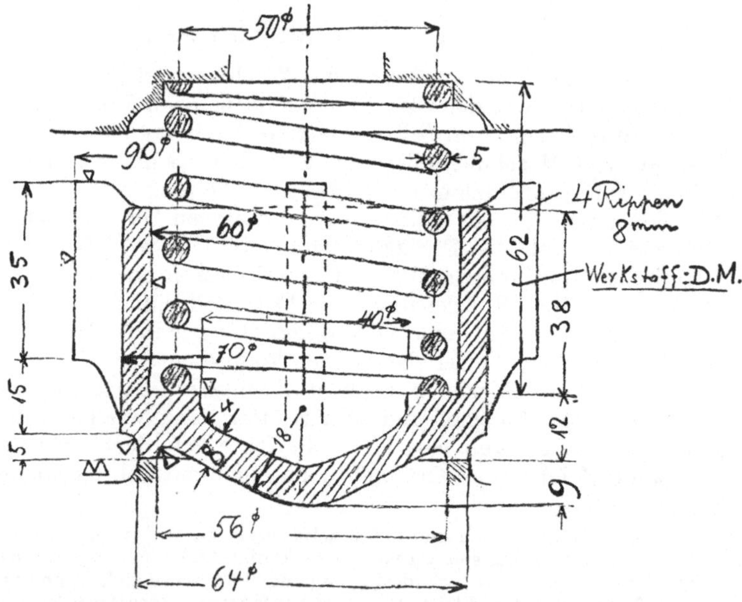

Bild 22.03. Ventil mit 4 Führungsrippen, Aufnahmeskizze (nach der Bleizeichnung von C. Volk wiedergegeben). Die Werkstoffabkürzung: D. M. bedeutet Delta-Metall (Kupfer-Zink-Legierung). Zweigt zugleich die vereinfachte Darstellung von Schraubenfedern. Weitere Vereinfachungen: Die rückwärtsliegenden Schraubenlinien fortlassen, oben und nur den angedrückten und den vollen Gang im Schnitt zeichnen (s. a. Bild 47.01 und 47.05).

aufgenommenen Gegenstandes benötigt werden, sind einzutragen (Bild 22.03). Bei Maschinenelementen, die aus mehreren Teilen bestehen, skizziere man zuerst jeden einzelnen Teil und stelle dann erst eine Gesamtskizze her. Der Werkstoff ist anzugeben, falls nicht eine besondere Stückliste der einzelnen Teile angefertigt wird.

Die Aufnahmeskizze soll *nicht* maßstabrichtig sein, sondern nur *verhältnismäßig*. Man beginne daher nie mit dem Abmessen des zu skizzierenden Gegenstandes, sondern schätze die Hauptabmessungen gegeneinander ab und wähle für die größte Abmessungen eine derartige Länge, daß eine *deutliche* Figur entsteht, die das *übersichtliche* Eintragen der Maße gestattet. Man hüte sich vor zu kleinen, aber auch vor zu großen Skizzen. Fertigt man von den einzelnen Teilen einer Maschine getrennte Skizzen an, so kann man die größeren Teile verhältnismäßig kleiner, die kleineren dagegen größer darstellen. Sobald das Werkstück skizziert ist, werden die Maßlinien eingetragen, erst für die Hauptmaße, dann für die weniger wichtigen Maße. Dann beginnt das Messen und Einschreiben der Maße. Zuletzt werden die Schnittflächen geschrafft. Die Bearbeitung, soweit sie erkennbar ist, wird gleichfalls angegeben (Bild 22.03).

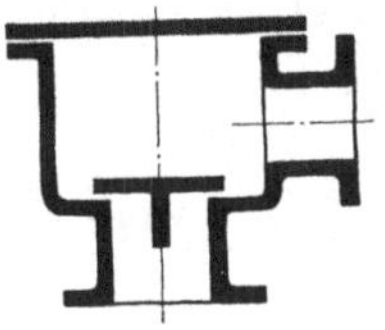

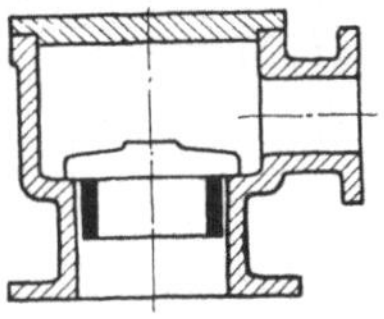

Bild 23.01. Richtig. Bild 23.02. Falsch.
Grundsätzliche Skizzen von Ventilgehäusen.

1.42 Grundsätzliche (schematische) Skizzen.

Die Bilder 23.01 und 23.02 zeigen richtige und fehlerhafte Ausführungen. Die schematischen Skizzen, die meist zur Erläuterung des Vortrages oder einer Beschreibung dienen, sollen das *Grundsätzliche* einer Anordnung zeigen, sie entstehen daher nicht durch bloßes „Vereinfachen“, durch *Weglassen* des scheinbar Unwesentlichen, sondern durch *Hervorheben des Wesentlichen.*

Namentlich hüte man sich, konstruktive Einzelheiten dadurch „schematisch“ darstellen zu wollen, daß man die Arbeitsleisten, die Abrundungen, die Durchdringungslinien usw. weg läßt (Bild 23.02). Skizzen dieser Art wirken *geradezu verderblich,* da sie dazu verleiten, auch beim Entwerfen die gleichen Fehler zu begehen. Ähnlich wie unrichtige Grundsatz-Skizzen wirken oft sehr stark verkleinerte Abbildungen in technischen Zeitschriften und Büchern. *Man versuche ja nicht, derartige Abbildungen durch gedankenloses Vergrößern in „Werkzeichnungen“ zu verwandeln!*

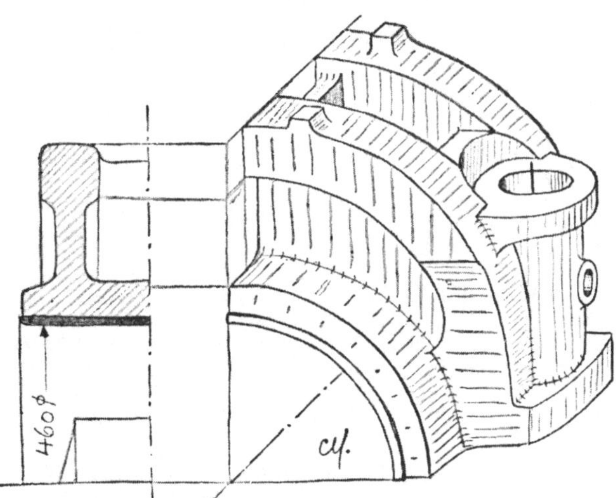

Bild 23.03. Deckel eines Treibstangenlagers (Handskizze von C. Volk, vgl. C. Volk Entwicklung von Triebwerksteilen, Z.VDJ. 1938, S. 1241 und C. Volk, Der konstruktive Fortschritt. Ein Skizzenbuch, 3. Aufl. Springer-Verlag 1952).

1.43 Perspektive Skizzen[1].

Durch perspektive Skizzen wird die Vorstellungskraft, das räumliche Sehen und Denken wesentlich gestärkt, allerdings nur dann, wenn es sich nicht um ein Abzeichnen von Vorlagen handelt oder um ein punktweises Übertragen normaler Projektionen in Perspektive, sondern um die Wiedergabe von Bildern, die im „Kopf“ Form und Gestalt gewonnen haben und nun von der geschickten „Hand“ zu Papier

[1] Vgl. C. Volk: Die maschinentechnischen Bauformen und das Skizzieren in Perspektive. 9. Aufl. Berlin/Göttingen/Heidelberg: Springer 1949.

gebracht werden. „Die Zeichnung als Ausdrucksmittel und die Formvorstellung als Geistestätigkeit stehen in genau demselben Verhältnis wie die Sprache zu den Gedanken“[1].

Der Anfänger wird sich zuerst nur die Grundform vorstellen können, diese skizzieren und nun das Werkstück am Papier gleichsam bearbeiten und vollenden. So wird das Skizzieren zum Schmieden, Drehen, Hobeln; es zwingt den Konstrukteur an die Herstellung, an die Arbeitsvorgänge, an Einformen und Aufspannen zu denken und ist das beste Mittel, die Tätigkeit am Zeichenbrett mit dem Schaffen in der Werkstatt zu verknüpfen.

1.5 Vereinfachte Darstellungen.

Um an zeichnerischer Arbeit zu sparen, sind eine Reihe von vereinfachten Darstellungen üblich.

1.51 Bruchlinien.

Lange Werkstücke mit gleichbleibendem oder stetig sich änderndem Querschnitt werden abgebrochen dargestellt. Die hierzu üblichen Bruchlinien werden mit halber Strichdicke, unregelmäßig und freihändig gezeichnet.

Abb. 24.01—24.06. Bruchlinien

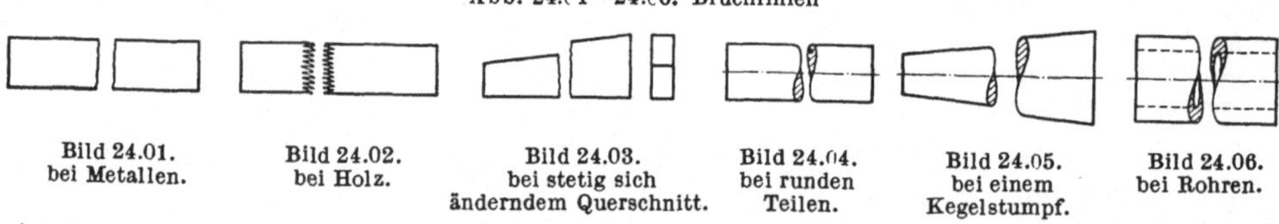

Bild 24.01. bei Metallen. Bild 24.02. bei Holz. Bild 24.03. bei stetig sich änderndem Querschnitt. Bild 24.04. bei runden Teilen. Bild 24.05. bei einem Kegelstumpf. Bild 24.06. bei Rohren.

Bei Metallen werden sie nicht übertrieben unregelmäßig (Bild 24.01), bei Holz zickzackförmig (Bild 24.02) ausgeführt. Wie man bei stetig sich änderndem Querschnitt verfährt, zeigt der Keil (Bild 24.03). Auf das Bild der Seitenansicht hat die abgebrochene Darstellung der Hauptansicht keinen Einfluß. Volle Rundkörper erhalten eine einer Acht ähnliche Schleife in der Weise, daß ein Teil des Querschnittes sichtbar wird. Diese zu schraffende Fläche wird einmal oberhalb und das andere Mal unterhalb der Mittellinie gezeichnet (Bild 24.04 und 24.05). Der Bruch von hohlen Rundkörpern wird nach Bild 24.06 dargestellt.

Die Bruchlinie kann auch weggelassen werden, wenn aus dem Bild eindeutig hervorgeht, daß das Teil abgebrochen dargestellt ist (Bild 25.04 und 25.05). An die Stelle der Bruchlinie kann ferner eine Strichpunktlinie treten (Bild 25.02 und 25.03).

1.52 Vereinfachte Darstellung einer neuen Ansicht.

Nach Abschn. 1.31 sind neue Ansichten zu den bisher gewählten Ansichten in der ordnungsgemäßen Lage nach Bild 15.01 zu zeichnen. So wäre z. B. bei dem Pumpengehäuse (Bild 19.03) für den Anschlußflansch des Saugrohres und für den des Druckrohres eine Untersicht und eine Draufsicht notwendig. Wichtig in diesen Bildern ist jedoch nur die Form des Flansches, der hier die Form eines Unrundes hat. Was weiter noch von dem Gehäuse zu sehen ist, ist zum Erkennen der Gehäuseform nicht unbedingt notwendig. In solchen Fällen stellt man die neue Ansicht vereinfacht dar. Man verwendet hierzu eine Hilfsebene, die senkrecht zu der betreffenden Ansicht steht, zur Darstellung wird sie unmittelbar in die Ansichtsebene gedreht (oder wie man in der darstellenden Geometrie sagt: umgelegt). Da diese neuen Ansichten in der Regel zu den Mittellinien symmetrisch sind, begnügt man sich mit dem halben Bild (s. Hauptansicht und Schnitt E—F in Bild 19.03). Die Umlegung wird mit dünnen Vollinien gezeichnet.

[1] RIEDLER: Das Maschinenzeichnen. 1913.

Nach dem vorbeschriebenen Verfahren zeichnet man quadratische Flansche (Bild 25.01). Bei runden Flanschen legt man nur den Schraubenmittenkreis mit den Durchgangslöchern um (Bild 25.02), wobei man bei Platzmangel auch nach Bild 25.03 verfahren kann; das Bild zeigt gleichzeitig die Schraffungsweise von Stahl bzw. Stahlguß. Bemerkt sei hier, daß bei gußeisernen Flanschen lediglich die Dichtungsleiste, bei Stahlgußflanschen dagegen der Flansch allseitig bearbeitet wird (wegen des verlorenen Kopfes, vgl. Bild 91.02).

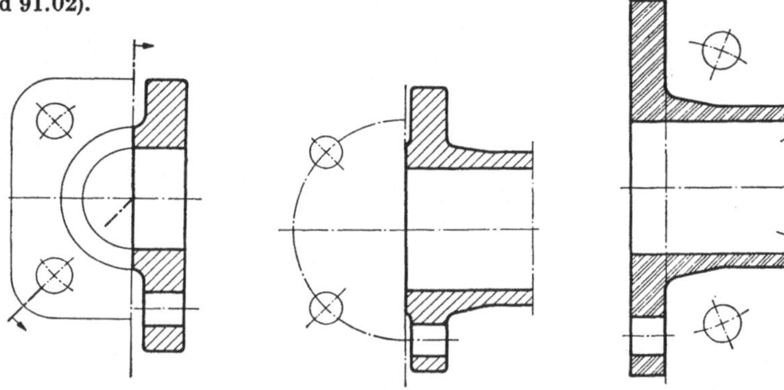

Bild 25.01. Quadratischer Flansch.

Bild 25.02. Runder Flansch. Gußeisen.

Bild 25.03. Runder Flansch. Stahlguß (zeigt gleichzeitig die Schraffung von Stg).

Bild 25.04 stellt einen Rohrkrümmer mit zwei unrunden Flanschen dar. In der Draufsicht zeigen sich die Rundungen des oberen Flansches, die Durchgangslöcher und die Eindrehung als Ellipsen. Zum Einschreiben der Maße eignen sich derartige Bilder nicht, sondern die Ansichten in Richtung A und B. In Bild 25.05 ist der gleiche Krümmer vereinfacht dargestellt. An die Stelle der Ansicht in Richtung A ist die Umlegung des Flansches getreten, und die Draufsicht als Schnittbild gezeichnet. Die Ansicht in Richtung B ist jedoch zu zeichnen.

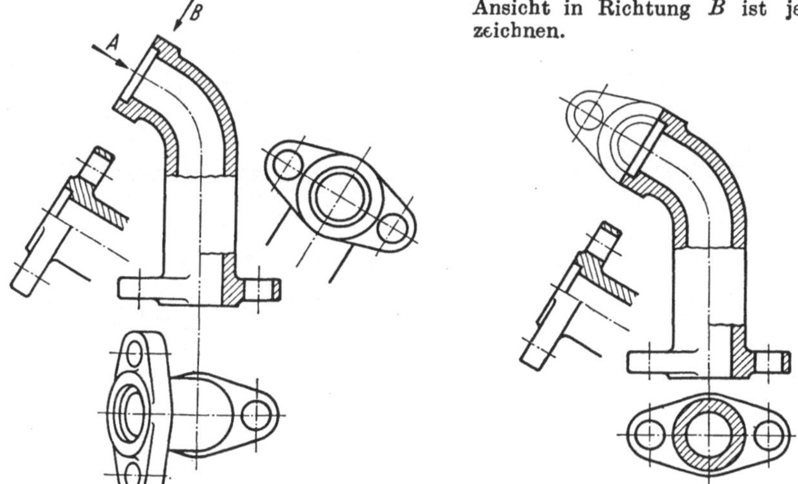

Bild 25.04. Rohrkrümmer.

Bild 25.05. Rohrkrümmer nach Bild 25.04 vereinfacht dargestellt.

1.6 Eintragen der Maße.

Die Maßzahlen sind „*maßgebend*" für die Ausführung. Sie müssen daher *herstellungsgerecht* eingeschrieben werden, also a) *werkstückgerecht* (d. h. bei Gußstücken anders als bei Schmiedestücken, bei Vorrichtungen anders als bei Zahnradfräsern), b) *werkzeuggerecht* und c) *fertigungsgerecht*. Die Forderung unter b und c wird unter 9. auf S. 28 näher erläutert.

1.61 Hauptregeln.

Bild 26.01 bis 35.01 zeigen das *Grundsätzliche* der Maßeintragung.

1. Jedes Maß in einer Zeichnung wird durch die Maßlinie, die Maßhilfslinien und die Maßzahl bestimmt.

Bild 26.01—26.96 Maßlinien

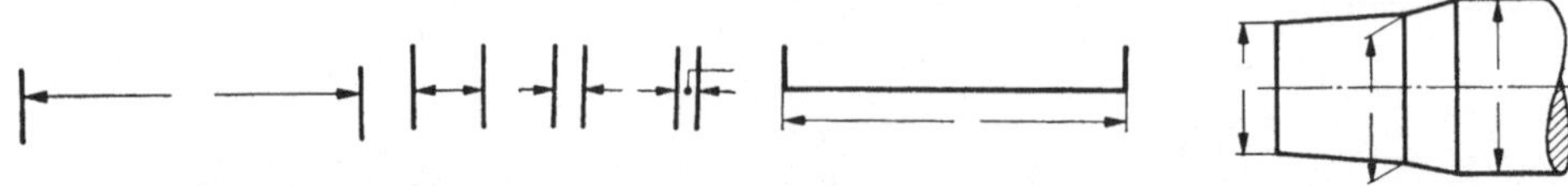

Bild 26.01. Bild 26.02. Bild 26.03. Bild 26.04. Bild 26.05. Bild 26.06a.

Zu Bild 26.01. Maßlinie, unterbrochen. — Bild 26.02. Maßlinie, durchgezogen. — Bild 26.03. Maßpfeile von außen — Bild 26.04. Bezugslinie für Maßzahl. — Bild 26.05. Herausgezogene Maßlinie. — Bild 26.06. Maßhilfslinien unter 60°.

Maßlinien und Maßhilfslinien werden dünn voll ausgezogen. Die Maßlinien werden an einer passenden Stelle (etwa in der Mitte) unterbrochen und in die Lücke die Maßzahl gesetzt (Bild 26.01). Bei Zeichnungen für das Baugewerbe, z. B. für eine Einmauerungszeichnung, ist jeder Maßzahl die Maßeinheit hinzuzufügen. Die Maßpfeile sind nach *a* oder *b*, *nicht* nach *c* auszuführen (Bild 26.07). Bei geringem Abstand der Körperkanten wird die Maßlinie durchgezogen (Bild 26.02) oder es wird die Maßlinie mit den Maßpfeilen von außen gesetzt (Bild 26.03), die Maßzahl steht dann über der Maßlinie oder rechts daneben, gegebenenfalls mit einer Bezugslinie nach Bild 26.04 (keine geschweifte Linie!). Nicht immer können die Maßlinien zwischen die Körperkanten gesetzt werden, man zieht dann die Maße „heraus“, die Maßlinie steht hierbei zwischen den Maßhilfslinien (Bild 26.05). Die Maßhilfslinien sind senkrecht zur Maßlinie zu ziehen und laufen rd. 3 mm über diese hinaus. Ausnahmsweise sind die Maßhilfslinien unter 60° zur Maßlinie zu ziehen (Bild 26.06), angewandt z. B. bei schlanken Kegeln oder Verjüngungen.

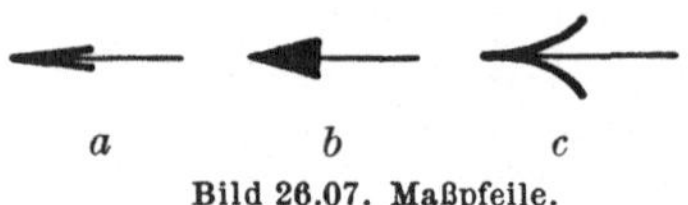

Bild 26.07. Maßpfeile.

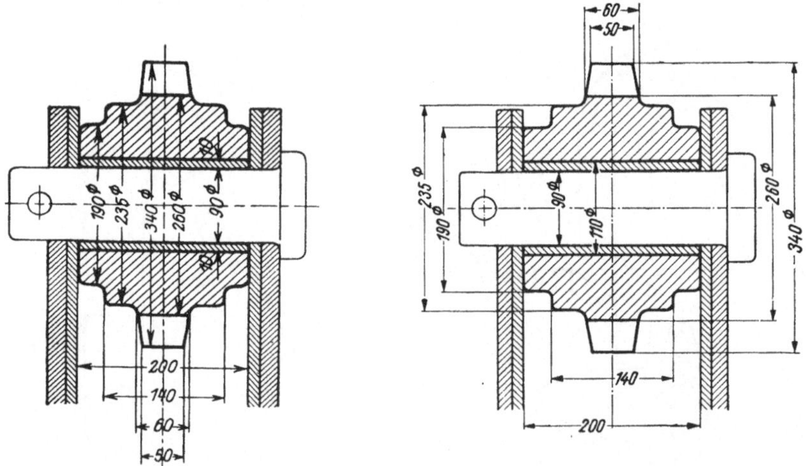

Bild 26.08. Falsch. Bild 26.09. Richtig.

Kettenrad mit Laufbuchse.

Zu Bild 26.08. Unnötiges Schneiden von Maß- und Maßhilfslinien, Maßzahlen zu dicht beieinander.

2. Die Maßlinien dürfen nicht zu dicht neben den Körperkanten — Abstand etwa 8 mm — und nicht zu nahe bei anderen Maßlinien — Abstand untereinander etwa 5 mm, Maßzahllücken gegeneinander versetzen — stehen (Bild 26.08 und 26.09).

3. Körperkanten und Mittellinien dürfen nicht als Maßlinien, Maßlinien nicht als Maßhilfslinien benutzt werden. Maßlinien dürfen nicht die Verlängerung von Körperkanten bilden (Bild 27.01). Unnötige Kreuzungen zwischen Maßlinien und Maßhilfslinien und Körperkanten sind zu vermeiden. (Die kleineren Maße näher an die Körperkanten legen!)

4. Es sind nur die erforderlichen (also keine unnötigen) Maße anzugeben. Man wiederhole die Maße ausnahmsweise nur dann in mehreren Ansichten, wenn dadurch die Zeichnung deutlicher wird oder das gleiche Maß von den verschiedenen Arbeitern (Modelltischler, Vorzeichner, Dreher usw.) in verschiedenen Ansichten gesucht wird.

Mehrfach eingetragene Maße werden bei einer Maßänderung leicht übersehen und geben dann zu Irrtümern Anlaß. Die Maße für *einen* Arbeitsgang, z. B. Lochdurchmesser und Lochtiefe (Bild 27.02), Länge und Breite einer Arbeitsleiste, Maße eines Kegels (Bild 33.02) usw., verteile man *nicht* auf *mehrere* Ansichten.

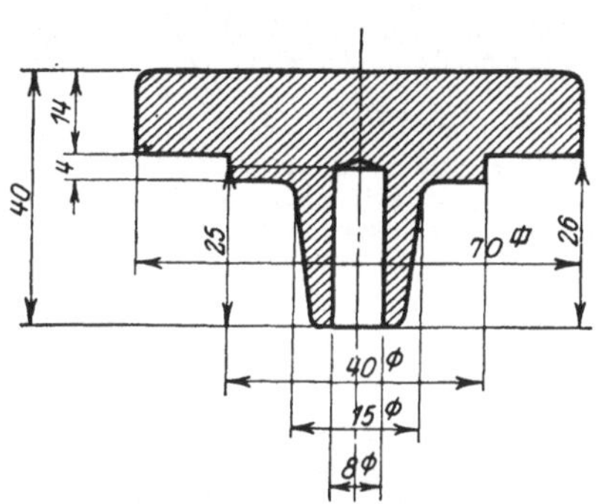

Bild 27.01. Falsch. Bild 27.02. Richtig.

Quadratischer Deckel.

Zu Bild 27.01. Maßlinien stehen in Verlängerung von Körperkanten, falsches Quadratzeichen. Sonstige Fehler?

5. Die Maßzahlen sind unter der Neigung der Normschrift (75°) in die Lücke der Maßlinie einzuschreiben. Die Maßzahl soll von *links* her lesbar sein; wie sie bei schräg liegender Maßlinie zu setzen ist, zeigt Bild 27.03. In das geschraffte Feld innerhalb eines 30°-Winkels im zweiten und vierten Quadranten sind Maße nicht einzutragen. Muß jedoch aus einem zwingenden

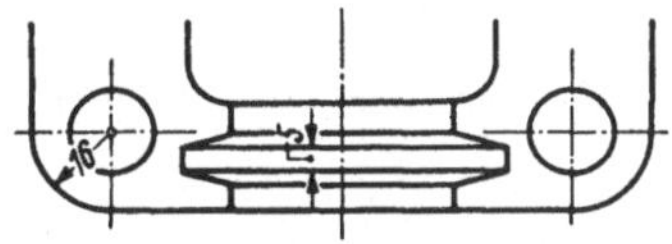

Bild 27.04. Unterbrechen von Kanten für Maßpfeile und Maßzahlen.

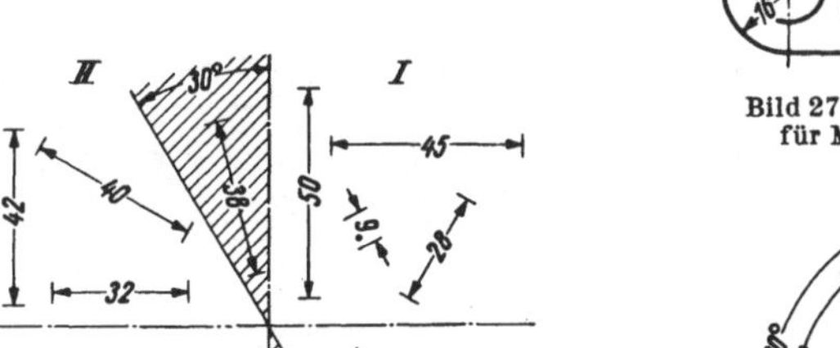

Bild 27.03. Eintragen der Maßzahlen in Maßlinienlücke.

Bild 27.05. Winkelmaße.

Grunde das Maß hier stehen, so muß die Zahl von links gelesen werden können (s. Maße 38 und 34 in Bild 27.03).

Den Maßzahlen 6, 9, 66, 68, 89, 98 und 99 wird ein Punkt hinzugefügt, falls die Lage der Maßlinie zu einer Verwechslung führen kann (Maßzahl 9. im ersten Quadranten des Bildes 27.03).

Die Mittellinien, Körperkanten und Maßhilfslinien sollen die Maßzahl nicht schneiden (Bild 26.08 und 27.01). Zulässig ist eine Körperkante für die Maßzahl und Maßpfeile zu unterbrechen, wenn hierdurch die Darstellung nicht beeinträchtigt wird (Bild 27.04).

Muß eine Maßzahl in eine geschraffte Querschnittfläche eingeschrieben werden, so sind die Schraffen rings um die Zahl herum zu unterbrechen (Maß 20 ∅ in Bild 27.02).

6. Winkel erhalten unterbrochene Kreisbogen als Maßlinien, deren Mittelpunkt im Scheitel des Winkels liegt. Die Gradzahl ist so einzuschreiben, daß sie *über* der Waagerechten nach dem Mittelpunkt *hin* und *unter* der Waagerechten vom Mittelpunkt *weg* zeigt (Bild 27.05). Bei Winkeln, die unsymmetrisch zur Waagerechten liegen, ist die Gradzahl des gesamten Winkels so einzuschreiben, daß sie dem größeren Teilwinkel, bezogen auf die Waagerechte, entsprechend steht (s. ∢ 25°, 120° und 51° in Bild 27.05).

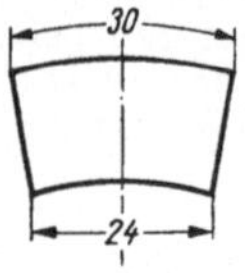

Bild 28.01. Bogen- und Sehnenmaß.

Das Gradzeichen ist ein kleiner Kreis, der rechts oben neben die Maßzahl gesetzt wird.

Sehnen und Bogenmaße werden entsprechend Bild 28.01 eingetragen, bei dem letzten hat der Kreisbogen der Maßlinie den gleichen Mittelpunkt wie der Kreis selbst.

7. Ketten- oder Staffelmaße, die womöglich noch in einer Linie hintereinander angeordnet sind, zeugen von Mangel an praktischem Verständnis und von gedankenlosem Arbeiten (Bild 28.02). Lassen sich Kettenmaße nicht vermeiden, so soll *eins* von ihnen *nicht* eingeschrieben werden; so wäre z. B. in Bild 28.02 entweder das Maß 10 oder das Maß 25 wegzulassen.

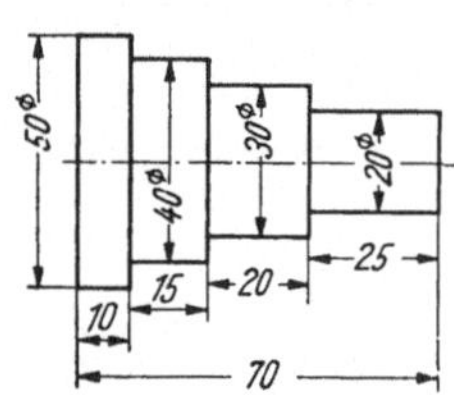

Bild 28.02. Falsch.

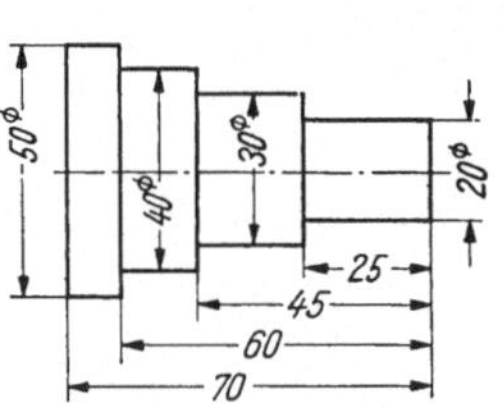

Bild 28.03. Richtig.

Mehrfach abgesetzer Bolzen.

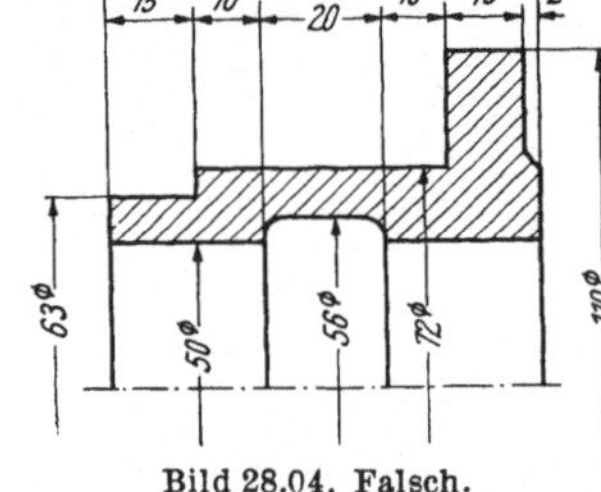

Bild 28.04. Falsch.

Maßkette bezieht sich auf Außen- und Innenmaße

Richtig ist, die Maße für den abgesetzten Bolzen so einzutragen wie der Dreher arbeitet (Bild 28.03).

Bei Hohlkörpern darf eine Maßkette nicht gleichzeitig Innen- und Außenmaße enthalten (Bild 28.04).

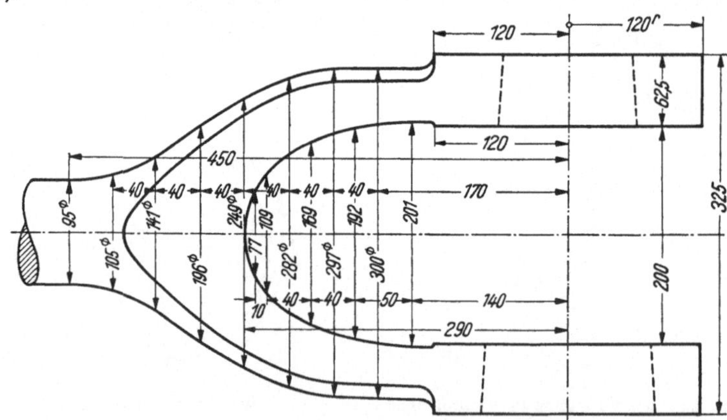

Bild 28.05. Gegabelter Stangenkopf. Ausnahmsweise Verwendung von Maßlinien als Maßhilfslinien (Ersatz der Kurve durch Kreisbogen ist vorzuziehen).

8. Hat eine Körperkante die Gestalt einer beliebigen Kurve, so ist ausnahmsweise gestattet, Maßlinien als Maßhilfslinien zu verwenden (Bild 28.05).

9. Die Hauptmaße (Baulängen und Bauhöhen, Abstände der bearbeiteten Hauptflächen von den Mittellinien und voneinander, die Abstände der Bohrungsmitten, die Hauptdurchmesser, Lochkreisdurchmesser usw.) sollen besonders leicht auffindbar sein und womöglich dort stehen, wo der Arbeiter (Modelltischler, Schmied, Vorzeichner, Dreher, Monteur usw.) sie sucht. Bei Hobel- und Fräsarbeiten wird man zuerst jene Flächen und bei Dreh- und Bohr-

arbeiten jene Mittellinien (Achsen) festlegen, die als Bezugsflächen oder Bezugsachsen dienen und mit deren Hilfe das Ausrichten, das Spannen, die Aufnahme in Vorrichtungen und Sondermaschinen usw. erfolgt. Die zu bearbeitenden Flächen werden dann mit Oberflächenzeichen (s. Abschn. 1.7) versehen und die zugehörigen Maße so angeordnet, daß die Maßpfeile in der Nähe der Oberflächenzeichen stehen.

Dabei muß man berücksichtigen, ob ein Facharbeiter (z. B. der Modelltischler oder Werkzeugmacher) nach der Zeichnung ein Modell oder Gesenk anzufertigen hat, d. h. ob er die Maße zur *Herstellung* benötigt oder ob er die Werkzeichnung (oder eine Arbeitsbegleitkarte) und das unbearbeitete *Werkstück* erhält und nur die *Bearbeitung* oder Teilbearbeitung (z. B. das Schleifen) durchzuführen hat oder endlich ob der Einrichter nach der Zeichnung oder einem besonderen Einstellplan die Werkzeuge einstellt und die Maße auf der Zeichnung gar nicht für den Arbeiter, z. B. einem angelernten Revolverdreher bestimmt sind, sondern für den Einrichter und den Revisor. Auch die Bearbeitungs- und Meßverfahren sind zu beachten. Wird z. B. der Mittelabstand zweier Bohrungen, die in waagrechter Richtung um 280, in lotrechter Richtung um 140 mm voneinander abstehen, mit Endmaßen gemessen oder mit einer Sonderlehre, so ist der Mittelabstand aus $\sqrt{140^2+280^2}$ zu berechnen und genau einzuschreiben. Oft liegen die Lochab-

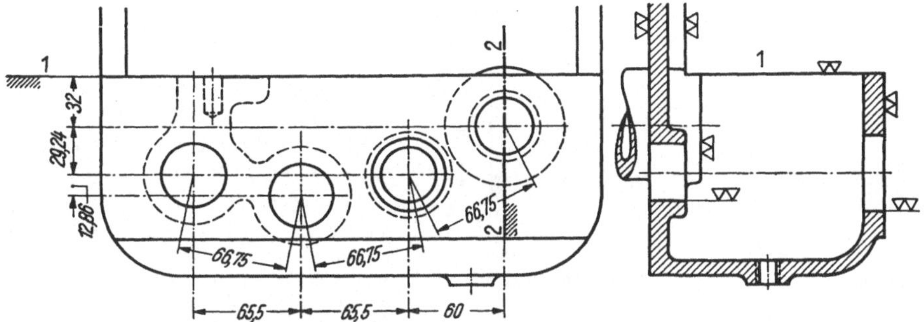

Bild 29.01a. Getriebekasten. Ausschnitt aus der Arbeitsbegleitkarte, vereinfacht: nur einige Maße für das Bohren sind angegeben. Senkrechte Maße werden von Fläche 1—1, waagerechte von der Achse 2—2 gemessen. Die Modelltischlerei arbeitet nach besonderer Modellzeichnung. Betreffs der Lochabstände vgl. S. 56. Die Lochabstände erhalten eine + Toleranz, z. B. 25+0,05. Die Toleranz darf überschritten werden, falls die Bohrungsdmr.[1] über dem Kleinstmaß liegen.

stände fest (z. B. Achsabstände bei einem Getriebekasten). Dann müssen für eine Bohrmaschine, bei der die Einstellung mit Maßstab und Meßmikroskop erfolgt (z. B. Lehrenbohrmaschine) die *Koordinatenmaße* berechnet werden (Bild 29.01). Bei großer Lochzahl stelle man einen Bohrplan auf.

10. Maßzahlen in unmaßstäblich dargestellten Teilen sind zu unterstreichen (Bild 20.02). Die Erprobung des Freiflußventiles nach dem vorgenannten Bilde ergab, daß ein Handrad von 120 mm Außendurchmesser an Stelle des anfangs mit 100 mm Dmr.[1] vorgesehenen ein leichteres Bedienen des Ventiles gestattet. Da es sich bei dieser Verbesserung um ein Bedienteil[2] der gleichen Gestalt handelt, wurde in der Übersichtzeichnung die Darstellung des Handrades nicht geändert, sondern es wurden nur die entsprechenden Maße berichtigt.

Maßzahlen in abgebrochen dargestellten Teilen werden *nicht* unterstrichen.

1.62 Durchmesserzeichen.

⌀ (Kreis mit *kurzem*, *geradem* Strich unter 75°, nicht *Φ*!), steht *erhöht hinter* der Maßzahl. Es ist stets zu setzen, wenn die Maßlinie sich auf die Mantellinien eines Zylinders (Bild 28.03), eines Kegels (Bild 33.02) oder auf die Erzeugende eines Drehkörpers (Bild 30.01) bezieht.

Durchmessermaße in Kreisen mit zwei Maßpfeilen erhalten *kein* Durchmesserzeichen (Bild 30.02). Wird aber die Maßlinie nicht ganz durchgezogen, oder ist der Kreis nur halb gezeichnet, so muß das Durchmesserzeichen zugefügt werden (Bild 30.03).

---

[1] Allgemein in Schriftsätzen übliche Abkürzung für Durchmesser.

[2] In den Normen sind Handräder, Kurbeln, Griffe usw. unter dem Begriff „Bedienteile" zusammengefaßt.

Das in den Längsschnitt der zweiteiligen *Lagerschale* (Bild 30.05) eingeschriebene Wanddickenmaß 20 ist für den Dreher ein überflüssiges Maß, denn er mißt nur Durchmesser. Außerdem ergibt es sich durch die Bearbeitung, wäre also nicht einzutragen. Man schreibt jedoch Wanddicken, insbesondere bei Gehäusen, ein, einmal als Anhalt für den Konstrukteur und zweitens für die Gießerei, denn der Preis für 1 kg Guß hängt auch von der verlangten Wanddicke ab.

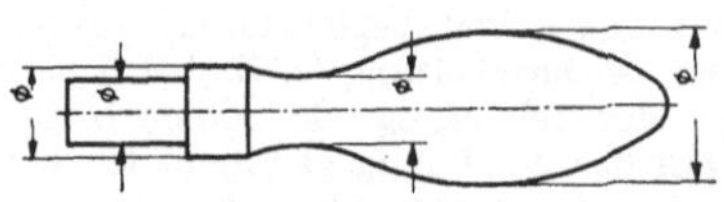

Bild 30.01. Ballengriff.

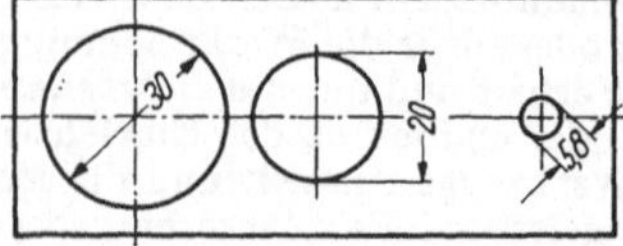

Bild 30.02. Durchgangslöcher.

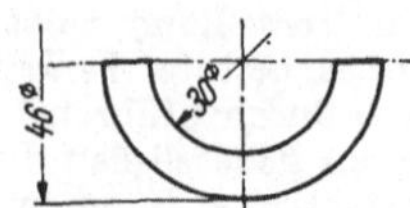

Bild 30.03. Geteilter Ring.

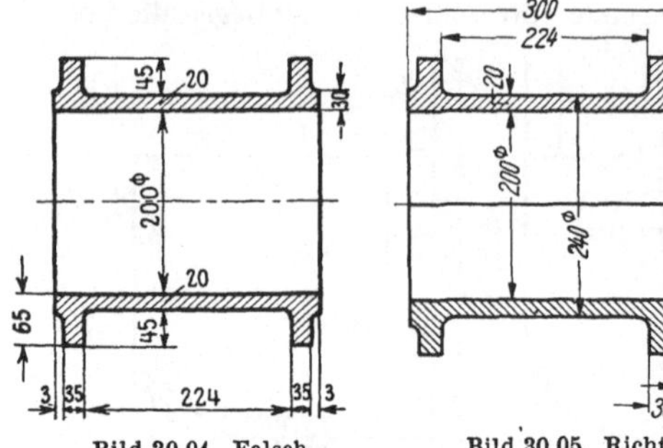

Bild 30.04. Falsch. Bild 30.05. Richtig.

Geteilte Lagerschale.

Zu Bild 30.04. Teilfuge fehlt, in einer Lagerschale laufen die Schraffen verkehrt. Zwei Maßzahlen stehen senkrecht. Maßlinien nicht unterbrochen und die Maßzahlen stehen nicht unter 75° zur Maßlinie. Maße 45 und 65 sind sinnwidrig.

1.63 Halbmessermaße und Halbmesserzeichen.

Die Maßlinie für einen Halbmesser wird vom Mittelpunkt der Rundung bis zur Kreislinie gezogen und wie sonst für die Maßzahl unterbrochen bzw. durchgezogen (Bild 30.06).

Die Maßlinie erhält nur *einen* Maßpfeil, der an die Kreislinie gesetzt wird. Der Mittelpunkt ist durch ein Achsenkreuz festzulegen oder er wird durch einen kleinen Kreis (≈ 1 mm ∅ und 0,1 mm Strichdicke) gekennzeichnet (Maß 6 in Bild 30.06 und Maß 8 in Bild 30.07).

Die Maßlinie ist möglichst im ersten oder dritten Quadranten zu ziehen, gegebenenfalls durch Verlängern der Kreislinie (s. Maß 10 in Bild 30.06). Der Maßpfeil ist in der Regel von innen an die Kreislinie zu setzen, bei kleinen Rundungen kann er auch von außen gezeichnet werden (Maß 4 in Bild 30.07).

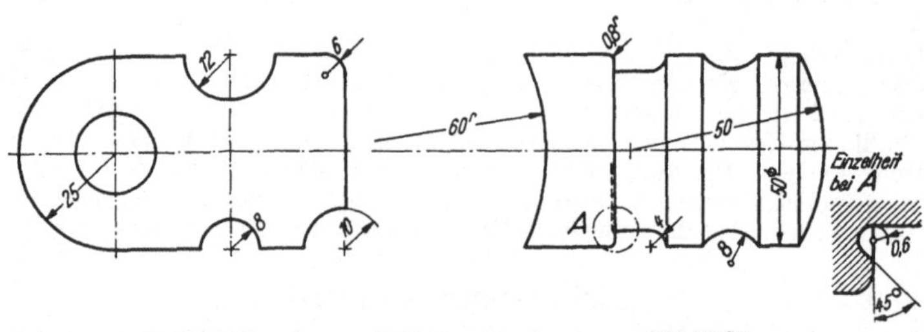

Bild 30.06. Halbmessermaße. Bild 30.07.

Können Maße für Einzelheiten in der Darstellung nicht untergebracht werden, so wird neben die Zeichnung ein *Ausschnitt* im vergrößerten Maßstabe gesetzt. Die Stelle wird durch einen strichpunktierten Kreis (in Mittelliniendicke) und durch einen großen Buchstaben (Höhe ≈ 1,5mal Maßzahlengröße) gekennzeichnet (s. Ausschnittkreis *A* in Bild 30.07).

Das *Halbmesserzeichen*, ein erhöht zur Maßzahl zu setzendes *r*, wird hinzugefügt, wenn der Mittelpunktkreis infolge der geringen Größe des Halbmessers nicht gezeichnet werden kann (Maß 0,8 *r* in Bild 30.07), wenn der Mittelpunkt nicht mehr auf der Zeichenfläche liegt (Maß 60*r* im gleichen Bild) oder wenn in einer Ansicht Durchmesser- und Halbmessermaße das gleiche Achsenkreuz haben (Bild 31.01).

Bei platten- und scheibenförmigen Teilen kann die zweite Ansicht weggelassen werden; man schreibt dann die Dicke in die Hauptansicht mit z. B.: 2 *dick* ein (Bild 31.01).

Ist der Halbmesser sehr groß und muß die Lage des Mittelpunktes, der außerhalb der Zeichenfläche liegt, durch Maße festgelegt werden, so kann der Halbmesser ausnahmsweise nach Bild 31.01 eingetragen werden. Die Maßlinie ist nach dem tatsächlichen Mittelpunkt hin zu ziehen, dann wird der Mittelpunkt mit einem Stück der Maßlinie parallel zu sich selbst, so weit wie notwendig, verschoben und beide Maßlinien rechtwinklig miteinander verbunden. Die Maßzahl steht zweckmäßig in dem Teil der Maßlinie, der vom Mittelpunkt aus hinter der Abknickung liegt.

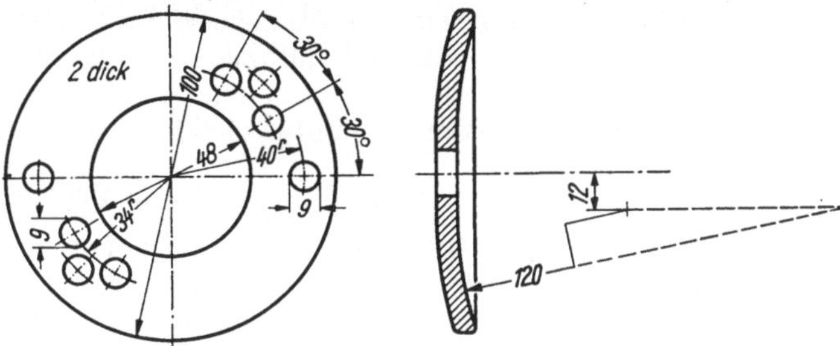

Bild 31.01. Dichtungsscheibe.

Bild 31.02. Teller, Zickzackmaß für den Halbmesser.

Die abgerundeten Kanten bei *a*, *b*, *c*, *d* und *e* in Bild 31.03 sind in der Seitenansicht nicht zu sehen. Um die Bildwirkung zu erhöhen, deutet man sie durch dünne Vollinien an, welche von den ursprünglich scharfen Ecken ausgehen und in der Seitenansicht nicht über die ganze Länge gezeichnet werden. Wie man in der Draufsicht einer ausgerundeten kegeligen Vertiefung mit einem gleichfalls ausgerundeten Loch verfährt, zeigt Bild 31.04.

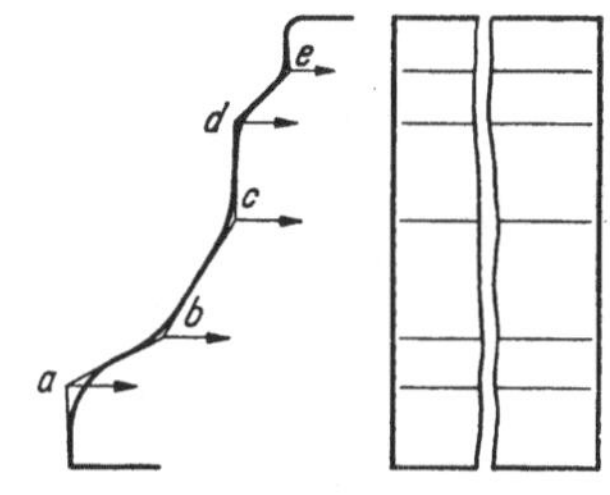

Bild 31.03. Andeuten von abgerundeten Kanten.

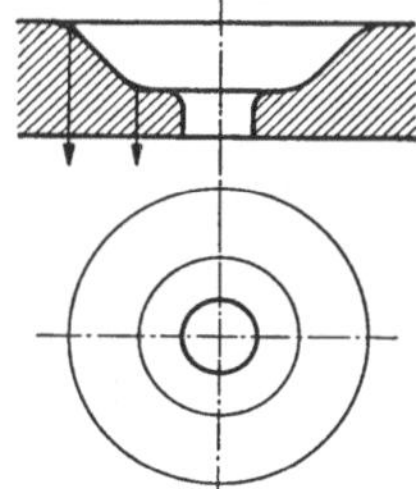

Bild 31.04. Gerundete Vertiefung mit Durchgangsloch.

Bei *kugeligen* Teilen, die nur in einer Ansicht gezeichnet sind, wird hinter das Durchmesser- oder Halbmesserzeichen das Wort *Kugel* geschrieben (Bild 67.02 und 68.01). Geht aus der Darstellung eindeutig hervor, daß es sich um eine Kugelkuppe (Linsenkuppe), z. B. an Wellen- und Schraubenenden handelt, genügt es, den Kugelhalbmesser ohne jeglichen Zusatz anzugeben (Maß 50 in Bild 30.07).

1.64 Diagonalkreuze und Quadratzeichen.

Diagonalkreuze (dünne Vollinien) zur Kennzeichnung von ebenen Flächen gegenüber benachbarten gekrümmten Oberflächen sollen bei Einzelzeichnungen möglichst *nicht* verwendet werden, weil hier fast stets zwei zugehörige Ansichten un-

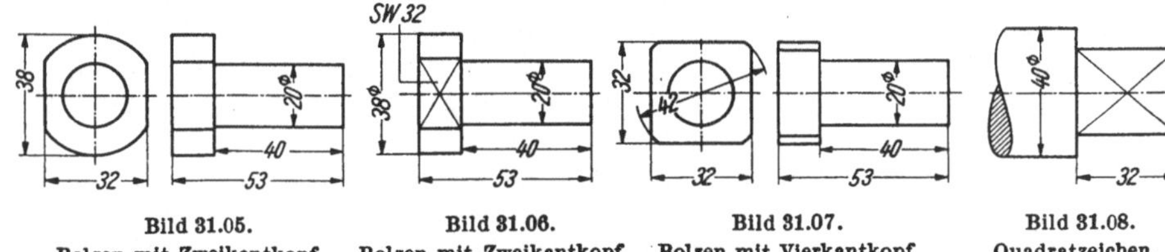

Bild 31.05. Bolzen mit Zweikantkopf.

Bild 31.06. Bolzen mit Zweikantkopf. Seitenansicht ersetzt durch Diagonalkreuze.

Bild 31.07. Bolzen mit Vierkantkopf.

Bild 31.08. Quadratzeichen.

mittelbar nebeneinander stehen, aus denen die ebenen und gekrümmten Flächen zu ersehen sind (Bild 31.05). In Übersichtszeichnungen dagegen erhalten Vierkante die Diagonalkreuze (Bild 20.02).

Kann aus Platzmangel die zweite Ansicht nicht gezeichnet werden, so versieht man die ebene Fläche mit den beiden Diagonalen und setzt vor das Maß der Schlüsselweite die Abkürzung *SW* (Bild 31.06).

Erscheint ein Vierkant mit seiner Stirnfläche in einer Ansicht, so erhält es stets *zwei* senkrecht zueinander stehende Maßlinien, die von der *gleichen* Quadratecke ausgehen (Bild 31.07).

Vierkante an Wellen zum Aufsetzen von Schlüsseln, Kurbeln, Handrädern usw. haben abgerundete Ecken, s. a. DIN 475 Schlüsselweiten.

Zeigt sich die Stirnfläche eines Vierkantes nur als Linie, dann erhält die Maßzahl in der Maßlinie, die sich auf diese Linie bezieht, das *Quadratzeichen* (Bild 31.08). Es steht wie das Durchmesser- und Halbmesserzeichen erhöht zur Maßzahl. Quadrat *deutlich* zeichnen (□, nicht ⌂ !), mit scharfen Ecken, damit es sich auffällig vom Kreis des Durchmesserzeichens unterscheidet!

1.65 Kegel, Neigung und Verjüngung.

Nach den Normen wird die hin und wieder noch gebräuchliche Bezeichnung *Konus* (Mehrzahl: Konen) durch das deutsche Wort *Kegel* ersetzt.

Man versteht unter *Kegel* $1:k$ einen Kegel, der bei k mm Kegelhöhe einen Grundkreisdurchmesser von 1 mm hat (Bild 32.01). Die Angabe *Kegel* $1:k$ ist *parallel zur Kegelachse* einzuschreiben.

Anstatt der Kegelangabe kann auch die *Neigung* der Mantellinie zur Kegelachse angegeben werden, sie ist $0{,}5:k$ oder $1:2k$. *Neigung* $1:2k$ ist *parallel zur Kegelmantellinie* zu setzen (Bild 32.01).

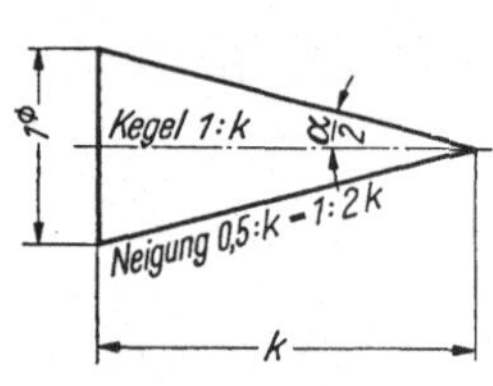

Bild 32.01 Kegel 1 : k (Kegel und Neigung).

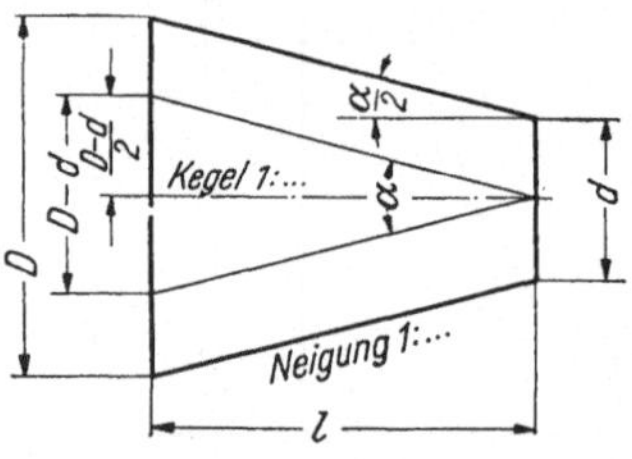

Bild 32.02. Kegelstumpf (Kegel und Neigung).

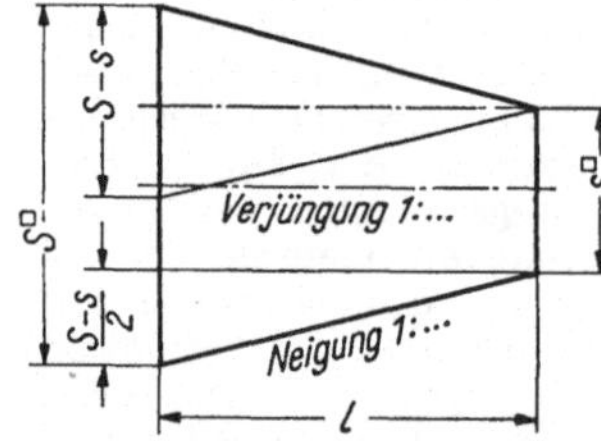

Bild 32.03. Pyramidenstumpf (Verjüngung und Neigung).

Der halbe Kegelwinkel $\frac{\alpha}{2}$ errechnet sich aus der Beziehung (Bild 32.01) $\operatorname{tg}\frac{\alpha}{2} = \frac{0{,}5}{k}$. Der Winkel ist auf Minuten und Sekunden genau zu berechnen bzw. den Normblättern Kegel (DIN 254) und Werkzeugkegel (DIN 228) zu entnehmen.

Bei einem Kegelstumpf (dem fast ausschließlich in der Praxis vorkommenden Fall) ergibt sich nach Bild 32.02

die *Kegelangabe* zu: $\frac{D-d}{l} = \frac{1}{l:(D-d)}$, die *Neigungsangabe* zu: $\frac{D-d}{2l} = \frac{1}{2l:(D-d)}$ und

der *halbe Kegelwinkel* zu: $\operatorname{tg}\frac{\alpha}{2} = \frac{D-d}{2\cdot l}$.

Für einen *Pyramidenstumpf* (z. B. die verjüngten Vierkante für Handräder) ist die *Verjüngung* das Verhältnis von $S - s$ zu l und die *Neigung* das Verhältnis von $(S - s):2$ zu l. Verjüngung ist *parallel zur Pyramidenachse* und Neigung *parallel zur Seitenfläche* einzuschreiben (Bild 32.03).

$1:k$ = Werte: 1:50 Kegelstifte, 1:20 metrische Werkzeugkegel, 1:15 Kolbenstangen am Kreuzkopfende, 1:10 kegelige Lagerbuchsen, 1:6 Dichtungskegel an Hähnen, 1:1,5 und 1:0,866 Dichtungskegel an Rohrverschraubungen, 1:0,5 Bunde an Kolbenstangen, Dichtungsfläche an Kegelventilen.

Bei bearbeiteten Kegeln sind außer den beiden Enddurchmessern und der Länge noch erforderlich Kegel $1:k$ oder der halbe Kegelwinkel (= dem Einstellwinkel an der Bearbeitungsmaschine). Die Abmessungen des Kegels sind also überbestimmt. Doch ist — je nach dem Bearbeitungsverfahren — bald die eine, bald die andere Art der Eintragung zweckmäßiger. Die Werte sind genau zu berechnen. Dabei wähle man die Länge derart, daß sich für die Durchmesser möglichst Normmaße (s. S. 36) ergeben (s. Bild 33.02). Der große Durchmesser des Kegels ist aus der Reihe der Normmaße (s. S. 36) zu wählen.

Nach den in Bild 33.03 — *Kreuzkopfzapfen* — eingeschriebenen Maßen hat der größere Kegel eine Verjüngung von (68—62) : 33 = 6 : 33 = 1 : 5,5 und der kleinere eine solche von (52—48): 27 = 4 : 27 = 1 : 6,75. Die Mantellinie des großen Kegels fluchtet somit nicht mit der des kleinen, der Zapfen liegt nicht ordnunggemäß im Kreuzkopf an. Der Durchmesser 62 des großen Kegels und sein Höhenmaß 33 sind überflüssig, die Teilmaße 63 und 27 sind mit ihrem Gesamtmaß 90 einzuschreiben. Denn der Dreher dreht den Zapfen zunächst kegelig (Bild 33.04) und dann setzt er ihn zylindrisch mit dem Durchmesser 52 auf die Länge 90, gemessen von der rechten, plangedrehten Stirnfläche, ab. Die Höhe des kleinen Kegels mit 27 einzuschreiben, ist überflüssig, denn einmal ergibt sie sich bei der Bearbeitung und zweitens läßt sie sich nur ungenau messen, da der Übergang zwischen dem Zapfen und dem Kegel kaum sichtbar ist; in der Zeichnung wird er jedoch voll ausgezogen.

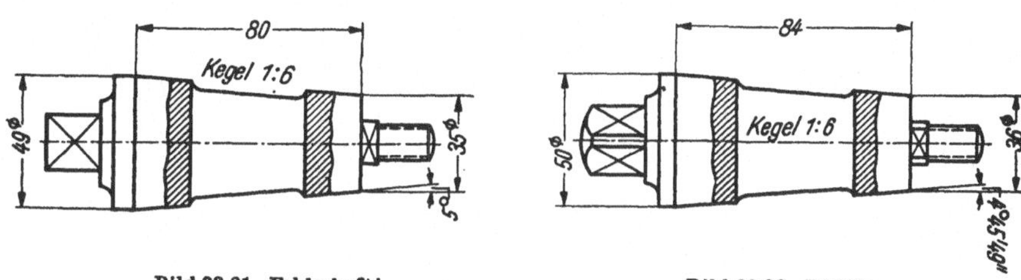

Bild 33.01. Fehlerhaft! Kegel stimmt nicht mit den Maßen und nicht mit dem Winkel überein. Sonstige Fehler?

Bild 33.02. Richtig. Vierkant (mit abgerundeten Ecken) steht über Eck, die in der Stirnfläche diagonal angebrachte Kerbe gibt Durchflußrichtung an (s. Seitenansicht in Bild 69.01).

Hahnküken.

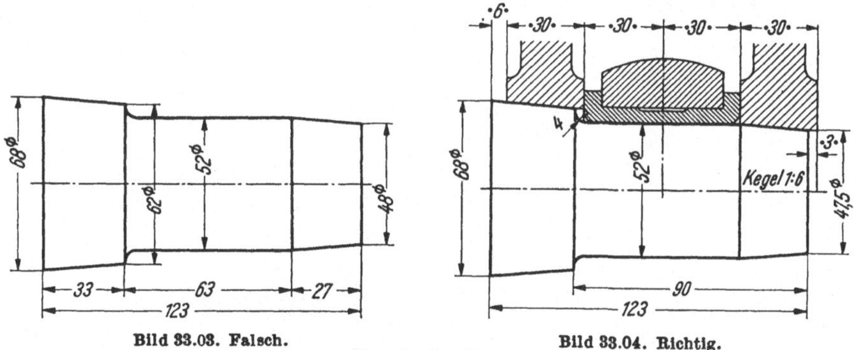

Bild 33.03. Falsch.

Bild 33.04. Richtig.

Kreuzkopfzapfen.

In Bild 33.04 ist dünn ein Teil des zugehörigen Kreuzkopfs und der Schubstange eingezeichnet, dabei sind die Einrichtungen, die den Kreuzkopfzapfen gegen Drehen und axiale Verschiebung sichern, nicht dargestellt. Die eingeschriebenen Maße erleichtern das Prüfen der Zapfenmaße. Links steht der Zapfen um 6 mm vor und rechts springt um 3 mm zurück, diese Maße sind mit Rücksicht auf den Kegel 1: 6 so gewählt. Gesamtlänge des Zapfens: 6 + 30 + 30 + 30 + 30 — 3 = 123 mm. Großer Kegeldurchmesser mit 68 mm Normmaß festgelegt (s. S. 36), bei Kegel 1 : 6 wird dann der kleine Durchmesser 68 — (123 : 6) = 68 —20,5 = 47,5 mm. Die linke Stirnfläche der zylindrischen Lagerstelle für die Schubstange ragt um 3 mm in die linke kegelige Bohrung des Kreuzkopfes hinein (ergibt sich aus 30 + 6 — (123 — 90) = 36 — 33 = 3 mm), dieses Maß muß für das Einpassen und spätere Nachschleifen des Zapfens vorgesehen werden.

In Bild 33.04 sind für vorstehende Rechnung Maße benachbarter Teile des Kreuzkopfes eingetragen, sie stehen *zwischen Punkten*. Das soll bedeuten, daß diese Maße nicht für die Fertigung des Zapfens gelten, vielmehr braucht sie der Konstrukteur um die gezeichneten Abmessungen des Zapfens durch eine Rechnung prüfen bzw. auf Bruchteile von mm berechnen zu können.

Rundungen am Kegel: Bild 34.01.

Maße für Kegelräder. Nach DIN 869 soll eine Zeichnung oder eine Bestellung für die Verzahnung wenigstens die nachstehend genannten Angaben enthalten

(Bild 34.02): 1. Zahnbreite b, 2. Spitzenentfernung $R_a = M\,C$, 3. Teilkegelwinkel δ_1 und 4. Zähnezahl z oder 1., 3., 4., 5. Teilkreisdurchmesser d_0 und 6. zugehörige

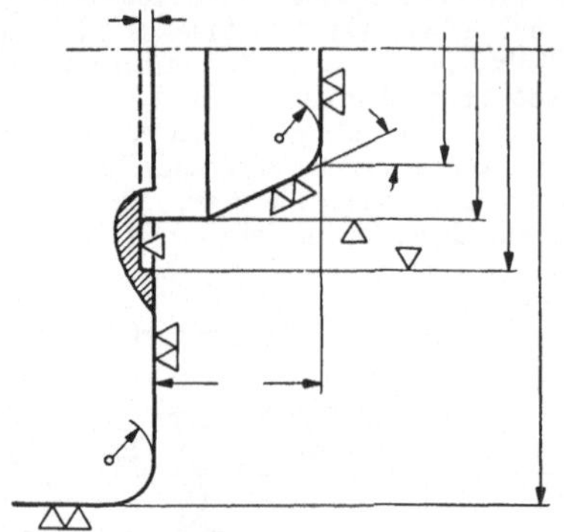

Bild 34.01. Spindelflansch für Revolverbank. Skizze für die Werkzeuganfertigung.

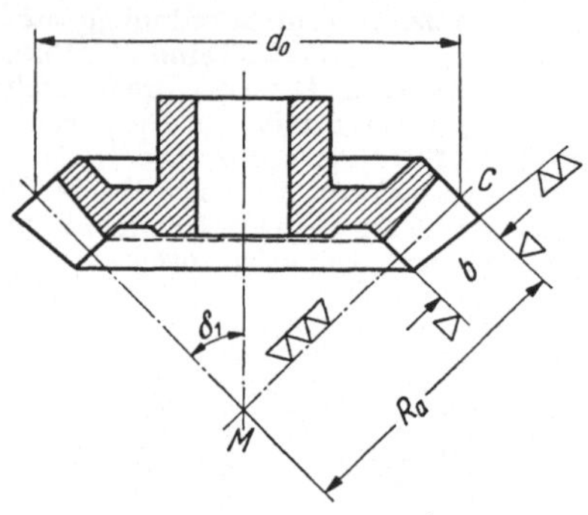

Bild 34.02. Kegelrad mit Geradzähnen, Mindestangaben für eine Bestellung der Verzahnung.

Durchmesserteilung $m = d_0 : z$. Wie aus der Werkzeichnung eines Kegelrades (Bild 73.01) ersichtlich, werden in der Praxis noch eine Reihe weiterer Maße in die Zeichnung eingeschrieben.

Bild 34.04 zeigt, wie eine geneigte Fläche (Keilfläche) maßlich festgelegt wird.

Bei *Keilnuten* in Naben usw. ist zu der Neigungsangabe ein Richtungspfeil zu setzen (Bild 34.05, s. a. Bild 73.01, das gleichzeitig zeigt, wie Keilnutenmaße einzutragen sind).

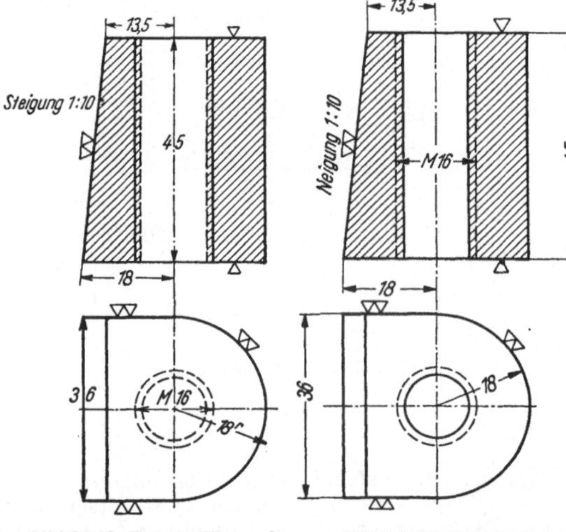

Bild 34.03. Falsch (Warum?). Bild 34.04. Richtig[1]. Stellkeil.

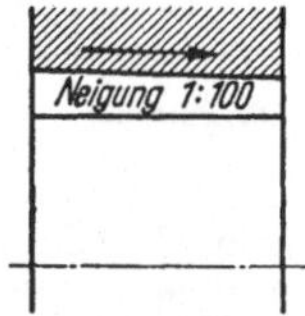

Bild 34.05. Keilnut, Neigungsangabe mit Richtungspfeil.

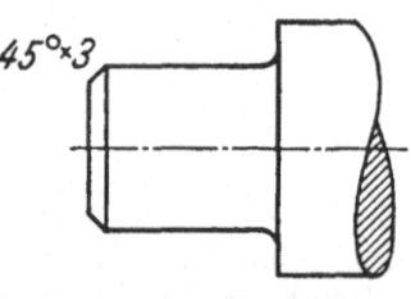

Bild 34.06. Vereinfacht Schrägungsangabe.

Eine unter 45° zur Mittellinie eines Drehteiles liegende Schrägung kann vereinfacht nach Bild 34.06 angegeben werden (s. a. Bild 83.01).

Welche Maße das Ende einer *Ventilspindel*, auf dem ein Handrad mit verjüngtem Vierkantloch sitzt, erhalten muß, zeigt Bild 35.01.

Nach DIN 79 erhalten gerade Vierkante und Vierkantlöcher für Spindeln, Handräder und Kurbeln abgerundete Ecken; dementsprechend liegen bei verjüngten Vierkanten und Vierkantlöchern die Abrundungen auf dem Mantel eines Kegels, welcher die gleiche Verjüngung von 1 : 10 hat wie das Vierkant.

Beim Aufzeichnen der Handradspindel wird zweckmäßig der Sitz des Handrades am Spindelende in dünnen Linien eingezeichnet und für das verjüngte Vierkantloch die Maße eingeschrie-

[1] Das Wort „richtig" bezieht sich auf die *Zeichnung*, hingegen ist die Fertigung schwierig. (Halbzylinder stoßen oder fräsen? Vgl. Bild 97.05).

ben (s. Bild 35.01). Gehalten wird das Handrad durch eine runde Scheibe und eine Sechskantschraube, welche in die Spindel eingeschraubt wird. Damit die Schraube die Handradnabe mit Sicherheit auf dem verjüngtem Vierkant der Spindel festklemmt, läßt man die Nabe um 3 mm gegenüber der Spindelstirnfläche vorstehen. Das Spindelvierkant ist somit mit 27 + (3 : 10) = 27,3 mm einzuschreiben. An dieser Stelle hat der Kegel des verjüngten Vierkantloches einen Durchmesser von 36,15 + (3 : 10) = 36,45 mm. Damit das verjüngte Vierkant mit Sicherheit auf den Pyramidenflächen des Spindelvierkantes und des Vierkantloches anliegt, gibt man dem kleineren Durchmesser des Kegels einen solchen von 36 mm, sodaß zwischen dem Kegel des Spindelvierkantes und des Vierkantloches ein radiales Spiel von 0,45 mm vorhanden ist.

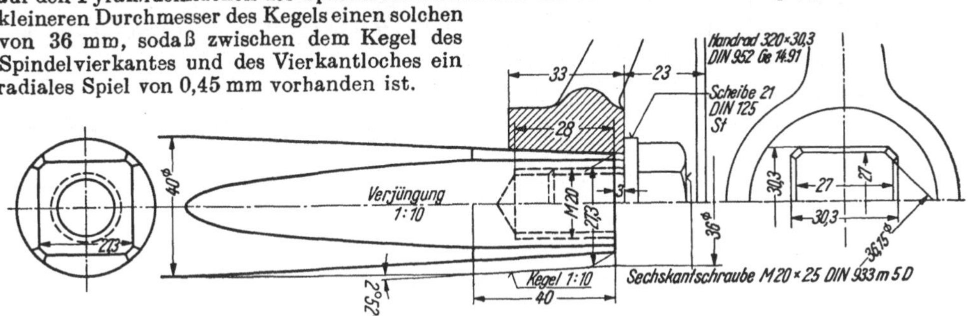

Bild 35.01. Verjüngtes Vierkant an einer Ventilspindel.

1.66 Normzahlen.

Aus wirtschaftlichen Gründen wird man sich bei der Wahl der Maße für Passungen und Rundungen (Radien) auf die Normzahlen beschränken müssen. Diese bringen auch beim Aufstellen von Typenreihen für Maschinen und Apparate bedeutende Vorteile[1]. Nach Normzahlen sind u. a. gestuft: Normmaße (s. Abschn. 1.67) Blattgrößen, Schriftgrößen, Drehzahlen, Riemenscheibendurchmesser.

Die im Maschinenbau im allgemeinen benutzten Normzahlen nach DIN 323, Blatt 1 (Febr. 1952), sind die gerundeten Werte geometrischer Reihen mit den Faktoren (Stufensprung)

$\sqrt[5]{10} \approx 1{,}6$; Kurzzeichen R 5;
$\sqrt[10]{10} \approx 1{,}25$; „ „ R 10;
$\sqrt[20]{10} \approx 1{,}12$; „ „ R 20;
$\sqrt[40]{10} \approx 1{,}06$; „ „ R 40.

Die Anzahl der Glieder im Dezimalbereich ist demnach bei R 10 = 10. Für Passungen ist das nächstliegende Normmaß aus DIN 3 zu nehmen; Rundungshalbmesser s. S. 36.

Normzahlen DIN 323, Blatt 1* (Febr. 1952, Auszug). Hauptwerte, Grundreihen:

R 5		1,00								1,60					
R 10		1,00				1,25				1,60				2,00	
R 20		1,00		1,12		1,25		1,40		1,60		1,80		2,00	
R 40		1,00	1,06	1,12	1,18	1,25	1,32	1,40	1,50	1,60	1,70	1,80	1,90	2,00	2,12
R 5			2,50									4,00			
R 10			2,50				3,15					4,00			
R 20	2,24		2,50		2,80		3,15		3,55			4,00		4,50	
R 40	2,24	2,36	2,50	2,65	2,80	3,00	3,15	3,35	3,55		3,75	4,00	4,25	4,50	4,75
R 5						6,30								10,00	
R 10		5,00				6,30				8,00				10,00	
R 20		5,00		5,60		6,30		7,10		8,00		9,00		10,00	
R 40		5,00	5,30	5,60	6,00	6,30	6,70	7,10	7,50	8,00	8,50	9,00	9,50	10,00	

[1] s. Berg, S.: Angewandte Normzahl. Berlin u. Köln: Beuth-Vertrieb G.m.b.H. 1949.
* Blatt 2 in Vorbereitung: Entwurf Mai 1954, s. DIN-Mitteilungen Bd. 33 (1954), H. 5, S. 215/224.

Die Zahlenwerte von R 20 reichen bestimmt für die Verwendung im Maschinenbau aus, meist werden die von R 10 genügen (vorzugsweise benutzen), die von R 5 ergeben vielfach zu große Stufungen. R 40 nur in Sonderfällen.

Außerdem sind in DIN 323 *Rundwerte* angegeben, die durch Abrunden der Hauptwerte entstanden sind. Die Rundwerte tragen das Kurzzeichen R_a. Die Werte für R_a weichen für folgende Zahlen von den Werten für R ab:

R_a 10: 3,2 statt 3,15. R_a 20: 1,1 statt 1,12; 2,2 statt 2,24; 3,2 statt 3,15; 3,6 statt 3,5. Für R_a 40 sind keine Werte angegeben.

Rundungshalbmesser DIN 250. Vorzugsreihe:

0,2 0,4 0,6 1 1,5 2,5 4 6 10 16 20 25 32 40 50 63 80 100 125 usw. mm.

1.67 Normmaße.

DIN 3, Blatt 1. Blatt 2 in Vorbereitung.

Die Normmaße sind eine nach den Normzahlen gemäß DIN 323 ausgerichtete Auswahl von *Maßen*, die dazu dient, die Verwendung willkürlicher Maße einzuschränken. Die Normmaße sind für Anschlußmaße und solche Maße anzuwenden, von denen andere Größen und Werkzeugabmessungen abhängen. Abweichungen sind möglichst zu vermeiden.

Die in der folgenden Zahlentafel angegebenen oberen drei Zahlenreihen a, b und c entsprechen meist denen der Reihen R_a 5, R_a 10 und R_a 20. Die Normmaße stimmen mit dem Vorschlag des ISA-Komitees 19 vom Jan. 1939 überein mit Ausnahme der durch * bezeichneten Maße.

Normmaße in mm DIN 3 (April 1952. Auszug).

a	1,6				2,5					4				6				10						16		
b			2					3,2*				5				8				12						
c		1,8		2,2		2,8			3,5		4,5		5,5		7		9		11			14				18
d							3														13		15		17	

a							25									40								
b		20									32											50		
c				22					28					36					45					
d	19		21		23	24		26		30		34	35		38		42	44		46	48		52	53*

a						63																	100
b															80								
c		56									71*								90				
d	55		58	60	62		65	67*	68	70		72	75	78		82	85	88		92	95	98	

a											160									
b					125															200
c		110						140								180				
d	105		115	120		130	135		145	150	155		165	170	175		185	190	195	

a					250															
b													320							
c		220						280										360		
d	210		230	240		260	270		290	300	310	315		330	340	350	355		370	375*

a			400																	630
b													500							
c								450									560			
d	380	390		410	420	430	440		460	470	480	490		520*	530	550*		580*	600	

Für weitere unbedingt notwendigen Zwischenmaße sind folgende Endziffern zu benutzen: 0 2 5 . 8.

Für einzelne Fachgebiete z. B. Gewinde, Wälzlager bestehen noch andere Normmaße.

1.68 Maße von Halbzeugen.

(gewalzter, gezogener und gepreßter Werkstoff).

In Einzelteil- und Übersichtzeichnungen werden meist nur die Hauptabmessungen der Halbzeuge oder ihre Kurzzeichen eingeschrieben. So z. B. für Rundstahl, gewalzt: *⌀ 20 DIN 1013 St 00.11*, für Rundstahl, poliert: *Rund 7 DIN 175* oder *⌀ 7 DIN 175* (Wertstoffangabe nicht erforderlich), für Quadratstahl, gewalzt: *□ 18 DIN 1014 St 37.12*, für Sechskantstahl, gewalzt (Automatenstahl): *Sechskantstahl 17 DIN 1015—9 S 20* oder *⬡ 17 DIN 1015—9 S 20.*

Kurzzeichen für die Winkel-, L-, U-, T-, Doppel-T- und Z-Form: ∟ L ⊏ ⊥ I ⊐.
In vielen Fällen ist genaue Angabe des Werkstoffs und der Normen erforderlich, z. B. T-Stahl von 100 mm Breite und 50 mm Steghöhe aus Stahl 37 nach DIN 1612: *⊥ 10 × 5 DIN 1024 St 37.12.*

Flachmessing, gezogen, mit scharfen Kanten: *Flachmessing 10 × 4 DIN 1759 Ms 60.*

L-Profile aus Aluminium, Aluminium- und Magnesiumlegierungen, gepreßt: L *20* × 30 × *4 DIN 1771 Al-Mg 3 F 18* usw.

1.7 Oberflächenzeichen[1].

Aus einer Werkzeichnung soll die Beschaffenheit der Werkstücksoberfläche zu erkennen sein. Die Beschaffenheit der Oberfläche wird gekennzeichnet:

1. durch die bei der Herstellung erzeugte *Oberflächenart* (roh, bearbeitet, behandelt),

2. durch die *Oberflächengüte.*

Bei der Güte unterscheidet man die Gleichförmigkeit der Werkstücksoberfläche und die ihrer Glätte.

Die *Gleichförmigkeit* bezieht sich auf die geometrische Form. Die Oberfläche einer Geradführung soll „eben", ein Zylinder soll „zylindrisch" sein. Die zulässigen Abweichungen oder die Grade der Gleichförmigkeit sind *nicht* eindeutig festgelegt, vielmehr wird die Gleichförmigkeit bei bearbeiteten Flächen von der Art der Bearbeitung (Schruppbearbeitung, Schlicht- und Feinschlichtbearbeitung) abhängig gemacht. Die *Glätte* der Oberfläche ist gleichfalls durch das Bearbeitungsverfahren bedingt. Einen Anhalt für die Glätte bilden die vom Werkzeug herrührenden Merkmale (Drehriefen usw.). Aus diesen Überlegungen heraus hat der Deutsche Normenausschuß für *bearbeitete* Flächen (*mit* Bearbeitungszugabe) folgende Zeichen festgelegt (DIN 140, Blatt 2, September 1939, 3. Ausgabe):

a) **Ein** Dreieck ▽, für ein- oder mehrmalige, spangebende Schruppbearbeitung. Riefen dürfen fühlbar und mit bloßem Auge deutlich sichtbar sein.

b) **Zwei** Dreiecke ▽▽, für ein- oder mehrmalige spangebende Schlichtbearbeitung. Riefen dürfen mit bloßem Auge noch sichtbar sein.

c) **Drei** Dreiecke ▽▽▽, für ein- oder mehrmalige spangebende Feinschlichtbearbeitung. Riefen dürfen mit bloßem Auge nicht mehr sichtbar sein.

---

[1] Der Ausschuß für Oberflächen im Deutschen Normen-Ausschuß (DNA) hat für die Neuordnung der Oberflächenzeichen die Normblätter DIN 7183 Oberflächengeometrie, DIN 4760 Technische Oberflächen, Allgemeine Begriffe für die Oberflächengestalt, DIN 4761 Begriffe und bildliche Kennzeichnung der Rauheit und DIN 4762 Technische Oberflächen, Bezugssystem und Maße für die Feingestalt (u. a. Rauhtiefe R und Bezugsstrecke S_b) herausgegeben. Zur Zeit schweben Verhandlungen der der ISO angeschlossenen Staaten über internationale Oberflächenzeichen. Die „International Organization of Standardizing (ISO)" ist die im Jahre 1948 gegründete Nachfolgeorganisation der ISA (International Federation of the National Standardizing Associations).

Dabei war der Grundsatz maßgebend, der Konstrukteur solle durch die Oberflächenzeichen *nur* die Flächenbeschaffenheit, *nicht* die Bearbeitungsverfahren vorschreiben! Damit ist aber der Konstrukteur keineswegs der Pflicht entbunden, sich über die Bearbeitungsverfahren und über die erforderlichen Maschinen und Werkzeuge völlig im klaren zu sein. Bei einigen Werken, namentlich bei Sonder- und Massenherstellung, werden die Werkzeichnungen mit Angaben über die Verfahren versehen oder (getrennt von der Werkzeichnung) sehr ausführliche *Bearbeitungsvorschriften* ausgegeben. Dabei mag es in großen Werken vorkommen, daß für derartige Angaben nicht die Teilkonstrukteure, sondern die im Werkzeugbau, Vorrichtungsbau, Lehrenbau und in der Arbeitsvorbereitung tätigen Ingenieure verantwortlich sind. Immer aber wird der Teilkonstrukteur den notwendigen Einklang zwischen seinem Entwurf und den erwähnten Bearbeitungsangaben herstellen müssen.

Die Oberflächenzeichen haben nichts mit der *Maßhaltigkeit* zu tun; eine polierte Welle mit drei Dreiecken kann eine größere Toleranz besitzen, als eine geschlichtete Welle mit zwei Dreiecken. Bei einer Paßwelle muß also die Toleranz durch die *Grenzmaße* (s. S. 53), die Gleichförmigkeit und Glätte durch die *Oberflächenzeichen* angegeben werden.

Die Oberflächenzeichen werden auf die Linien gesetzt, welche in den Zeichnungen die zu bearbeitenden Flächen darstellen, sie können auch auf Maßhilfs-

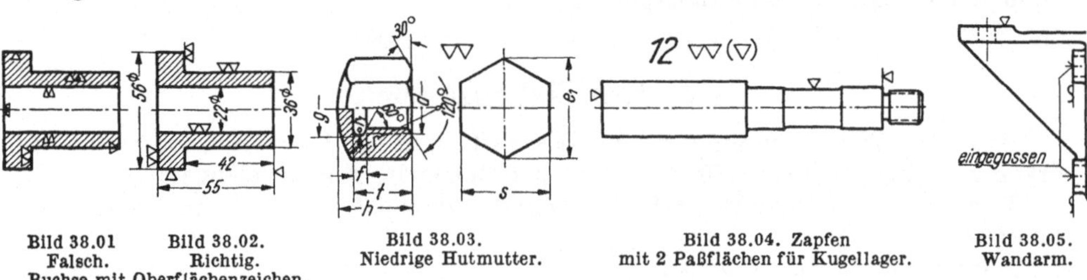

Bild 38.01 Falsch. Bild 38.02. Richtig. Buchse mit Oberflächenzeichen.
Bild 38.03. Niedrige Hutmutter.
Bild 38.04. Zapfen mit 2 Paßflächen für Kugellager.
Bild 38.05. Wandarm.

linien oder besonderen Bezugslinien stehen. Die Dreiecke sind als gleichseitige Dreiecke zu *zeichnen* (also nicht freihändig!), wobei sie mit der Spitze so auf die Flächen gestellt werden, daß sie den Keil als Grundform aller spangebenden Werkzeuge darstellen. Höhe der Dreiecke je nach Maßstab der Zeichnung 3 bis 5 mm. Sie sind möglichst in die Nähe der zugehörigen Maße zu setzen.

In Bild 38.01 sind die Oberflächenzeichen falsch gesetzt und zum Teil zu klein gezeichnet. Überflüssig ist das zweite (falsch gesetzte) Zeichen für die Bohrung. Bei Drehteilen wird das Oberflächenzeichen nur *einmal* auf die erzeugende Linie gesetzt (Bild 38.02).

Sind von einem Werkstück mehrere Schnitte und Ansichten gezeichnet, so sind die Oberflächenzeichen und die zugehörigen Maße womöglich nur in *ein* Bild einzutragen.

Ist ein Teil allseitig mit der gleichen Oberflächengüte zu bearbeiten, so wird das Zeichen über oder neben das Bild bzw. neben die Teilnummer in größerer Ausführung als sonst gesetzt (Bild 38.03).

Wie ferner aus Bild 38.03 ersichtlich ist, können die Maßzahlen auch durch *Maßbuchstaben* (Kleinbuchstaben der Normschrift) ersetzt werden, wenn es sich um gleichartig ausgeführte Teile verschiedener Größenordnung handelt. Die einzelnen Maßgrößen sind in einer Zahlentafel zusammenzufassen.

Überwiegt bei einem Teil mit zwei Oberflächengüten die eine, so wird das hauptsächliche Zeichen neben die Teilnummer oder über das Bild und das ausnahmsweise vorkommende daneben in Klammer gesetzt (Bild 38.04), nur das letzte Zeichen ist auf die betreffenden Linien zu zeichnen.

Die *roh bleibenden* Flächen gewalzter, geschmiedeter, gegossener Teile erhalten kein Oberflächenzeichen. Nur wenn derartige Flächen glatt sein sollen, z. B. sauber gegossen usw., so erhalten sie das Zeichen ∼ („Ungefährzeichen": Bild 38.05; frühere Bezeichnung: Kratzen). Sind die Ansprüche, die man mit diesem Zeichen an die Gleichförmigkeit und Güte der spanlos hergestellten Fläche stellt, nicht erfüllt, so sind solche Flächen zu überarbeiten.

Gewinde erhält keine Zeichen.

Kleinere Löcher, die gestanzt oder aus dem Vollen gebohrt und nicht nachgearbeitet werden, erhalten meist kein Oberflächenzeichen.

Ein „Vorgießen" von Löchern ist nur dann angebracht, wenn es sich um größere Durchmesser handelt, welche ein Ausdrehen oder Bearbeiten mit der Bohrstange gestatten, oder wenn eine Bohrvorrichtung verwendet wird. Gegossene Löcher erhalten unter Benutzung eines Bezugshaken (Anordnung s. Bild 39.04) den Vermerk: *eingegossen* (Bild 38.05).

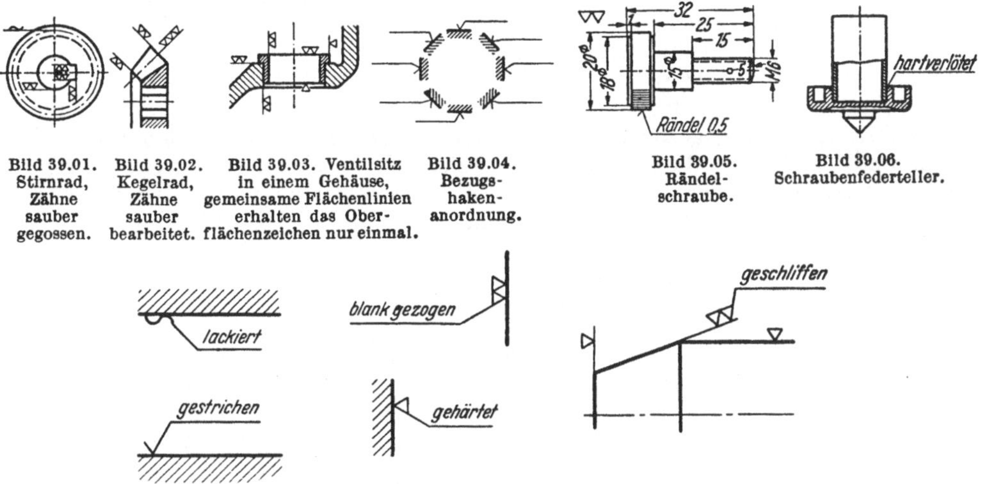

Bild 39.01. Stirnrad, Zähne sauber gegossen.

Bild 39.02. Kegelrad, Zähne sauber bearbeitet.

Bild 39.03. Ventilsitz in einem Gehäuse, gemeinsame Flächenlinien erhalten das Oberflächenzeichen nur einmal.

Bild 39.04. Bezugshakenanordnung.

Bild 39.05. Rändelschraube.

Bild 39.06. Schraubenfederteller.

Bild 39.07. Oberflächenzeichen mit Wortangaben.

Bei *Zahnrädern* wird das Oberflächenzeichen auf die strichpunktiert gezeichnete Teilkreislinie gesetzt. Bild 30.01 zeigt ein *Stirnrad* mit sauber gegossenen Zähnen in sinnbildlicher Darstellung (s. S. 47) und Bild 39.02 ein *Kegelrad* mit sauber bearbeiteten Zähnen in Schnittdarstellung.

Bei ineinandergesteckt gezeichneten Teilen, wie bei dem *Ventilsitz* in einem Gehäuse nach Bild 39.03, erhalten die gemeinsamen Flächenlinien das Oberflächenzeichen nur *einmal.* Wie in Bild 27.04 eine durchlaufende Flächenlinie für die Aufnahme der Maßpfeile unterbrochen werden darf, ist dies auch für die Oberflächenzeichen zulässig (s. untere Stirnfläche des Ventilsitzes in Bild 39.03).

Sonderbearbeitung und Sonderbehandlung.

Oberflächen mit Sonderbearbeitung oder Sonderbehandlung sind durch Wortangabe zu kennzeichnen. Die Wortangabe ist waagrecht zu schreiben und mit der Oberfläche oder dem Oberflächenzeichen durch einen Bezughaken zu verbinden (Bild 39.06 und 39.07). Es ist dabei stets der *Endzustand* anzugeben, also „gehärtet", nicht „härten", „poliert", nicht „polieren".

Erfolgt zuerst eine Bearbeitung, welche durch die Zeichen ∼, ▽, ▽▽ oder ▽▽▽ bestimmt ist, so schließt sich der Bezughaken an diese Zeichen an (Bild 39.07).

1.71 Wahl der Oberflächenzeichen.

Der gewissenhafte Konstrukteur wird hierbei folgendermaßen vorgehen: er wird zuerst überlegen, wo Paßdurchmesser oder Längenmaße mit Toleranzen vorkommen und welche Bearbeitung für diese Paßflächen erforderlich ist. ***Es ist Pflicht und Aufgabe des Konstrukteurs, die Zahl und die Abmessungen der Paßflächen und der bearbeiteten Flächen so weit als möglich einzuschränken.*** Sind die Paßflächen bezeichnet, so sucht man die Flächen heraus, die auf anderen Flächen gleiten, auf anderen Flächen dampfdicht ruhen usw. Hier ist meist Schlichten oder Feinschlichten erforderlich, vielleicht mit dem Zusatz „geschabt", „eingeschliffen" usw. Hingegen sind Flächen, die nur satt aufliegen sollen oder die gegen weiche Packungen drücken, nur zu schruppen. *Freie* Flächen können unbearbeitet bleiben (vgl. Bild 108.04), sofern nicht, z. B. wegen Gewichtsersparnis oder genauen Rundlaufens usw. eine Bearbeitung notwendig wird. Mitunter kann es erforderlich sein, freie Hohlkehlen, Wellenabsätze usw. sehr sorgfältig zu bearbeiten (Polieren, Prägepolieren, Drücken usw.), um Spannungserhöhungen durch Kerbwirkung zu vermeiden oder zu verringern (Bild 100.03).

Mit Rücksicht auf Lohn und Werkstoffpreis ist das Zerspanen möglichst einzuschränken. Gepreßte, gezogene, gestanzte und gebogene Teile werden bevorzugt angewandt. Viele Teile, die man früher blank gemacht hat, können gestrichen werden; viele Teile, die man bisher gestrichen hat, können roh bleiben, falls man der Gießerei mit dem Zeichen ~ sauberen Guß, der Schmiede saubere Arbeit vorschreibt.

1.8 Sinnbilder.

Schon sehr zeitig erkannte man, daß die ordnungsgemäße Darstellung von Gewinde, Schrauben, Zug- und Druckfedern, Zahnrädern usw. durch Sinnbilder ersetzt werden mußte, einmal weil das genaue Aufzeichnen viel Zeit erforderte, und zweitens, weil es bei kleinen Abmessungen fast unmöglich ist, alle Feinheiten darzustellen.

Als eine der vordringlichsten Aufgaben hat es daher der Deutsche Normenausschuß angesehen, einheitliche Sinnbilder für die gesamte deutsche Industrie zu schaffen. So datiert die erste Ausgabe der DIN-Norm 27, Sinnbilder für Schrauben, vom 16. Oktober 1919. Zur Zeit liegen etwa 12 Normblätter über vereinfachte Darstellungen vor, von denen die wichtigsten im Folgenden behandelt werden.

1.81 Sinnbilder für Gewinde, Muttern und Schrauben.

Außengewinde (Bolzengewinde) wird nach Bild 41.01 dargestellt. Die Gewindekernlinie wird von der äußeren Umrißlinie der Kuppe bis zur Gewindebegrenzungslinie dünn gestrichelt gezeichnet, die Gewindebegrenzungslinie wird dünn voll ausgezogen[1].

Bild 41.02 ist das Sinnbild für *Innengewinde* (Muttergewinde) in Schnitt- und Ansichtdarstellung; in der ersten reicht die Schraffung bis zur voll ausgezogenen Kernlinie[1].

Genormte Trapez-, Rund- und Sägengewinde werden wie gewöhnliches Gewinde nach Bild 41.01 und 41.02 dargestellt. Bei *Sondergewinde* (hierzu gehört auch das

[1] Zu beiden Darstellungen sei bemerkt, daß man laut DIN-Mitteilungen, Heft 6, 1953, erwägt, den Kernlinienkreis in Bild 41.01 und den Außendurchmesser in Bild 41.02 nur dreiviertel herum zu zeichnen. Hierdurch würde ein eindeutiges Sinnbild entstehen; denn aus der Seitenansicht des Bildes 41.01 könnte man auf einen kegeligen oder abgesetzten Bolzen und aus Bild 41.02 auf ein kegeliges oder abgesetztes Loch schließen.

nicht genormte Flachgewinde) zeichnet man einen Teilschnitt, aus dem das erzeugende Profil ersichtlich ist (Bild 41.03 und 45.10).

Sind Verwechslungen zu befürchten (Bild 41.04 und 41.05), so stelle man durch eine zweite Ansicht, durch einen Schnitt oder Teilschnitt oder durch eine Bemerkung die erforderliche Klarheit her.

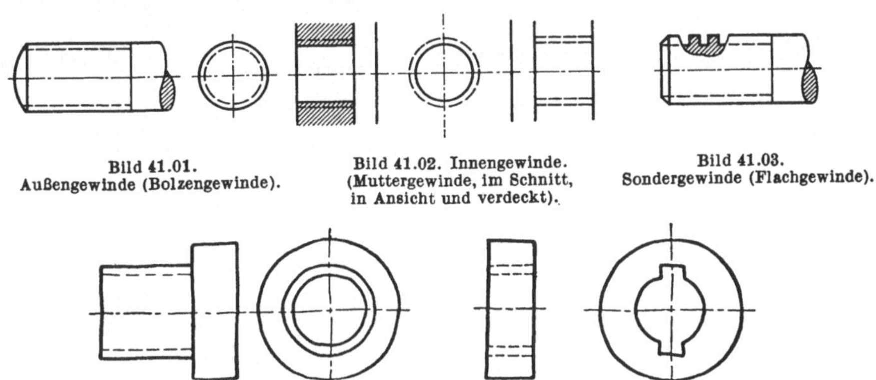

Bild 41.01. Außengewinde (Bolzengewinde).

Bild 41.02. Innengewinde. (Muttergewinde, im Schnitt, in Ansicht und verdeckt).

Bild 41.03. Sondergewinde (Flachgewinde).

Bild 41.04. Buchse. Bild 41.05. Scheibe mit 2 Nuten.

Die Strichlinien stellen kein Gewinde dar, wie die Seitenansichten zeigen. Beide Hauptansichten halb Schnitt, halb Ansicht zeichnen, dabei in Bild 41.04 den Schnitt an einer Bruchlinie enden lassen.

In Übersichtzeichnungen ist es mitunter notwendig bei einem Bewegungsgewinde die einzelnen Gewindegänge zu zeichnen. Man wählt hierbei eine vereinfachte Darstellung, bei welcher die Schraubenlinien der Gänge durch gerade Linien ersetzt werden (Bild 41.06 und 41.07).

Ist ineinandergeschraubtes Außen- und Innengewinde in Schnittdarstellung zu zeichnen, so herrscht im Bereich der Gewindeeingriffslänge die Darstellung des Außengewindes vor (Bild 41.08).

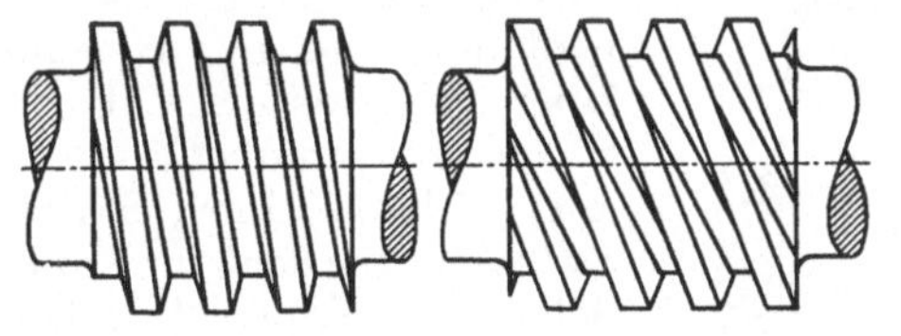

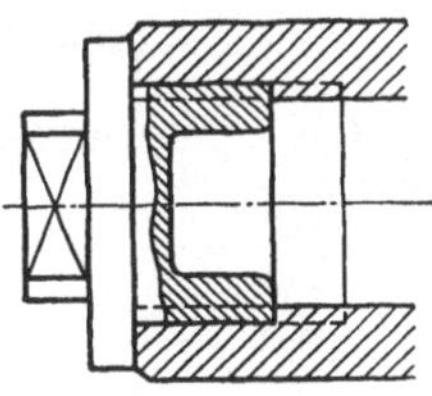

Bild 41.06. Eingängige Schnecke. Bild 41.07. Zweigängige Schnecke. Vereinfachte Darstellung, Schraubenlinien durch gerade Linien ersetzt.

Bild 41.08. Ineinandergeschraubtes Innen- und Außengewinde.

Bild 42.01 zeigt wie eine *Sechskantmutter* gezeichnet wird. Damit die Muttern sich gut anziehen lassen, erhalten sie beiderseits eine Kegelkuppe unter 30°. Die Schlüsselflächen verschneiden sich mit dem Kegel in Hyperbeln, deren Scheitelkrümmung kaum von einem Kreisbogen abweichen. Das Maß e (Bild 42.01) ist bis M 10 rund 2 d, darüber hinaus entnehme man es DIN 475 (Schlüsselweiten) oder den Schraubennormen.

Normale Muttern sind $\approx 0{,}8\, d$ hoch. Sie sind auf beiden Seiten unter 120° bis auf den Gewindedurchmesser ausgesenkt (nur in den Normblättern gezeichnet).

Für *Kronenmuttern* gelten die Bilder 42.02 und 42.03 (nur an der Auflagefläche ausgesenkt).

Kleine Muttern (unter M 6) werden nach Bild 42.04 gezeichnet.

Bei der Darstellung von Schrauben beachte man auch die feineren Unterschiede zwischen den einzelnen Schraubengattungen.

Die wichtigsten Gattungen sind: *Kopfschrauben*, *Mutterschrauben*, *Bolzenschrauben* (beiderseits mit Mutter), *Stiftschrauben*, *Innensechskantschrauben*, *Hammerschrauben* und *Schlitzschrauben*. Eine vom Normenausschuß herausgegebene Zusammenstellung (DIN 70) umfaßt 44 Schraubenformen und 20 Mutterformen.

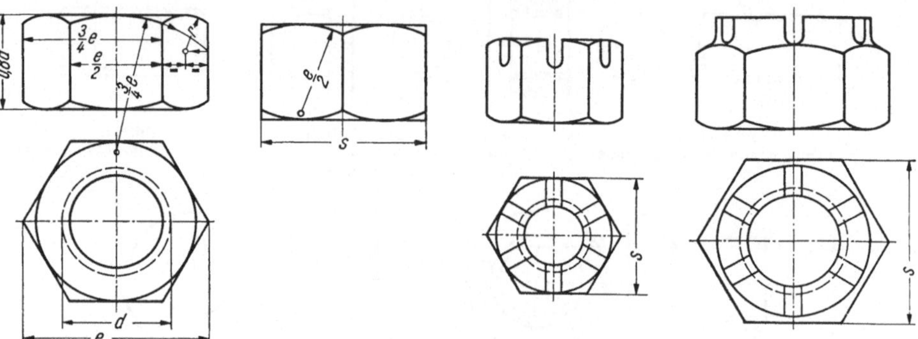

Bild 42.01. Sinnbild einer Sechskantmutter.

Bild 42.02. Kronenmutter ohne Hals von $s = 7$ bis 19.

Bild 42.03. Kronenmutter mit Hals von $s = 22$ ab, von $s = 65$ ab 10 Schlitze.

Bild 42.04. Kleine Mutter, vereinfacht.

Gemäß der Ausgabe Dezember 1952 der Sechskant-Schraubennormen DIN 931, 933, 960 und 961 erhalten die Köpfe als Auflagefläche normalerweise ab M 4 bis M 48 einschließlich einen zylindrischen Ansatz, den sog. Telleransatz, Dmr ≈ Schlüsselweite, Höhe schwankt zwischen 0,1 und 0,6 mm. Der Telleransatz ist in Bild 42.05 gezeichnet; in Übersichtzeichnungen läßt man diese Einzelheit in der Regel weg.

Die *Kuppenform* legen die obigen Normen wie folgt fest: bis M 3,5 nur Linsenkuppe *L*; von M 4 bis M 48 ist dem Hersteller überlassen, Linsenkuppe *L* oder Kegelkuppe *K* auszuführen, wenn nicht eine der beiden vorgeschrieben wird; ab M 52 nur Kegelkuppe *K*. Über die weiteren Formen der Sechskantschrauben wie: *B* (Schaftdmr ≈ Flankendmr), *S* (Splintloch), *Sk* (Sicherungsloch im Kopf), *Sz* (mit Schlitz im Kopf), *To* (ohne Telleransatz) sowie über die Bestellbezeichnung s. DIN 962, Ausgabe März 1953.

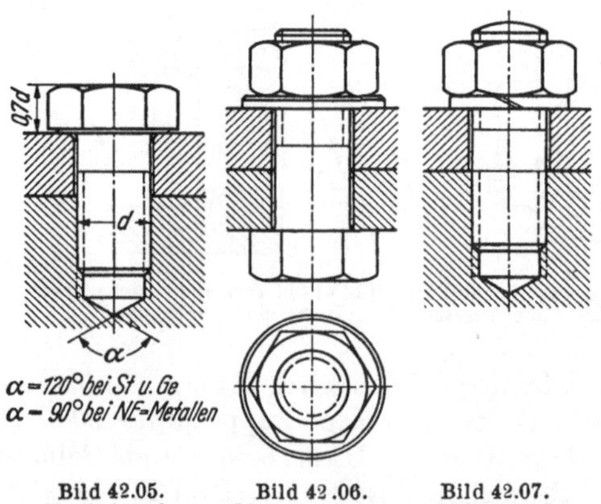

Bild 42.05. Kopfschraube.

Bild 42.06. Mutterschraube.

Bild 42.07. Stiftschraube mit Mutter und Federring.

Kuppenmaße. Der Krümmungshalbmesser der Linsenkuppe ist gleich dem Kerndurchmesser, aufgerundet auf den nächsten genormten Rundungshalbmesser (DIN 250). Die Kegelkuppe hat einen Gesamtwinkel von 90° und reicht bis etwa zum Gewindekerndurchmesser.

Greift eine Kopfschraube in ein „Sackloch" ein (Bild 42.05), so zeichnet man auch den durch die Schneide des Bohrers erzeugten Bohrkegel ein. Bei einer Mutterschraube (Bild 42.06) wird im Bereich der Mutter und der Scheibe (falls sie überhaupt untergelegt wird) das Gewinde nicht gezeichnet.

Der Kopf der Schraube ist $\approx 0{,}7\,d$ hoch, Bild 42.05.

Muß eine Kopfschraube, die in Gußeisen oder in ein NE-Metall eingreift, betriebsmäßig des öfteren gelöst werden, so kann das Muttergewinde ausreißen. Man verwendet dann eine *Stiftschraube* (Bild 42.07). Entgegen den Kuppen bei den Sechskantschrauben erhalten die Kuppen des Mutterendes bei allen Gewindedurchmessern eine Linsenkuppe *L* und das Einschraubende, um Verwechslungen zu vermeiden, eine Kegelkuppe *K* (Bild 42.07).

Beim Zeichnen der Stiftschraube ist zu beachten, daß die Gewindebegrenzungslinie des Einschraubendes mit der Flächenlinie des Einschraubteiles in einer Flucht liegt. (Bild 43.01 zeigt falsche Darstellung).

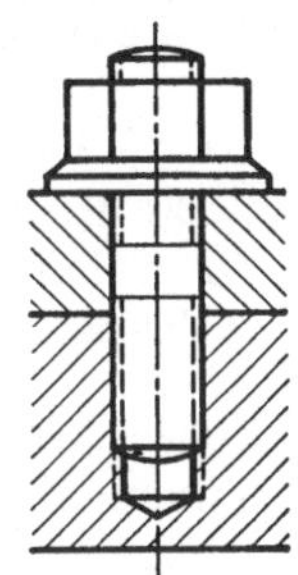

Bild 43.01. Stiftschraube. Falsch. Einschraubende hat Kegelkuppe, Gewindebegrenzungslinie fluchtet nicht mit Flächenlinie, kein Durchgangsloch, Scheibe zu dick.

Stiftschrauben werden zum Einschrauben in Stahl, Grauguß und Aluminiumlegierung mit dem Einschraubende $\approx 1\,d$, $1{,}25\,d$ und $2\,d$ geliefert; Gewinde beiderseits Metrisches Gewinde oder Metrisches Feingewinde. Näheres s. Ausgabe März 1953 der Stiftschraubennormen DIN 834, 835, 938 und 939. Neben der in Bild 42.07 dargestellten Form können Stiftschrauben am Einschraubende mit einer Rille *Ri*, am Mutterende mit einem Splintloch *S* und mit Form *B*, Schaftdmr $\approx$ Flankendmr, ausgeführt werden, Näheres s. DIN 962 (Bezeichnungsbeispiele).

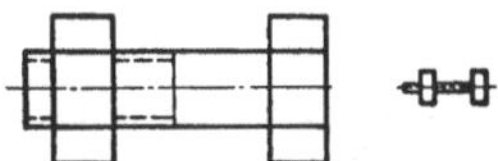

Bild 43.02 Mutterschraube in weiter vereinfachter Darstellung.

Bild 43.03. Innensechskantschraube.

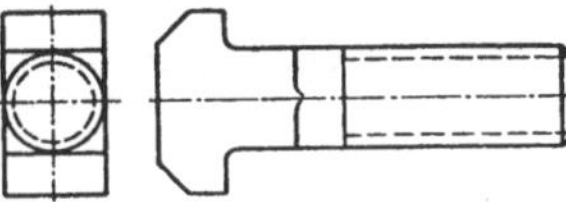

Bild 43.04. Hammerschraube.

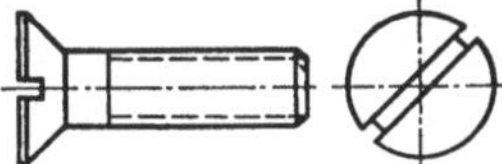

Bild 43.05. Senkschraube.

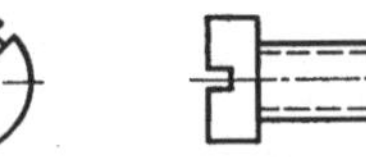

Bild 43.06. Zylinderschraube, Gewinde bis Kopf.

Bild 43.07. Halbrundschraube mit Schaft, gepreßte Ausführung.

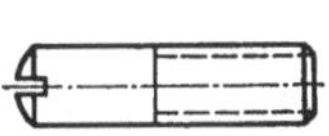

Bild 43.08. Schaftschraube.

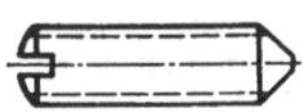

Bild 43.09. Gewindestift mit Spitze.

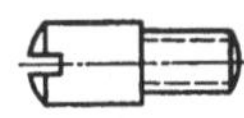

Bild 43.10. Zapfenschraube.

Bild 43.11. Halbrundholzschraube.

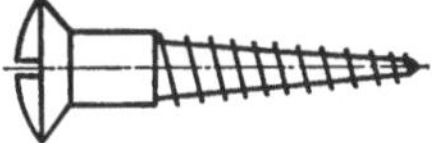

Bild 43.12. Senkholzschraube

Für kleine Abmessungen kann man, wie Bild 43.02 und 46.05 zeigen, das Sinnbild einer Mutterschraube noch weiter vereinfachen.

Bild 43.03 stellt eine *Innensechskantschraube* und Bild 43.04 eine *Hammerschraube* dar.

Innensechskantschrauben werden heute in zunehmendem Maße an Stelle von Schlitzschrauben (Zylinder- oder Senkschrauben) verwendet, weil der Innensechskantschlüssel ein kräftigeres Anziehen als eine gleichgroße Schlitzschraube gestattet. Eine Anordnung von Schraubenköpfen, die nicht vorstehen dürfen, kann bei Verwendung von Innensechskantschrauben gedrängter werden, weil die zylindrische Aussenkung für den Kopf der Innensechskantschraube einen kleineren Durchmesser haben kann als bei Verwendung eines Sechskant-Steckschlüssels.

Die Bilder 43.05 bis 43.12 zeigen die wichtigsten Schrauben aus der Gattung der *Schlitzschrauben*.

Den Schlitz dieser Schrauben zeichnet man in der zugehörigen Ansicht nicht ordnungsgemäß, sondern um 45° gedreht (Bild 43.05), weil bei nicht ganz sauberem Zeichnen der Schlitz unsymmetrisch zur senkrechten oder waagerechten Mittellinie sitzen kann.

Das Gewinde der Holzschrauben wird entweder nach Bild 43.11 oder 43.12 gezeichnet, wobei die erste Art als die einfachere zu bevorzugen ist.

1.82 Abgekürzte Gewindebezeichnungen und Maßeintragen für Gewinde.

Die Kurzbezeichnungen sind nach DIN 202:

für eingängige *Rechtsgewinde*

Metrisches Gewinde (Regelgewinde)	z. B.	M 42 (42 = Außengewindedurchmesser in mm).
Metrisches Feingewinde	z. B.	M 42 × 4 (4 = Steigung in mm).
Trapezgewinde	z. B.	Tr 30 × 6.
Sägengewinde	z. B.	Sg 200 × 36.
Rundgewinde (früher Kordelgewinde)	z. B.	Rd 40 × $^{1}/_{6}''$ (40 = Außengewindedurchmesser in mm, Steigung = $^{1}/_{6}''$).
Whitworth-Gewinde	z. B.	2″ (Gewindeaußendurchmesser in Zoll).
Whitworth-Feingewinde	z. B.	W 104 × $^{1}/_{6}''$ (Außengewindedurchmesser = 104 mm, Steigung = $^{1}/_{6}''$, Gangzahl 6 Gang auf 1″).
Whitworth-Rohrgewinde (früher Whitworth-Gasgewinde)	z. B.	R 4″ (4″ = Innendurchmesser des Rohres in Zoll).

für *dichte, links-* und *mehrgängige Gewinde*

hinter der Gewindebezeichnung die Zusätze dicht, links und in Klammer (. . . gäng), s. Bild 45.05.

Toleranzen und Lehrenmaße (Gütegrad fein, mittel und grob) enthält DIN 13, Blatt 2. Dementsprechend lautet z. B. die Bezeichnung M 42 f, M 42 m oder M 42 g. Bei Gewinden im Gütegrad mittel braucht das Gütegrad-Kennzeichen „m" nicht hinzugefügt zu werden.

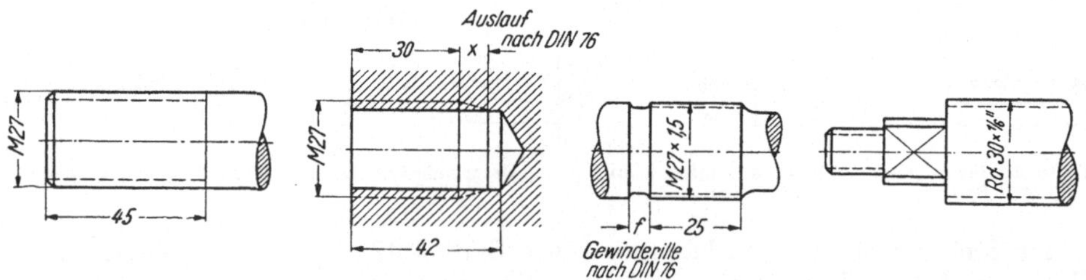

Bild 44.01. Metrisches Außengewinde (Bolzengewinde). Bild 44.02. Metrisches Innengewinde (Muttergewinde). Bild 44.03. Metrisches Feingewinde. Bild 44.04. Rundgewinde.

Die Bilder 44.01 bis 45.09 zeigen, wie die genormten Gewindebezeichnungen in Werkzeichnungen eingeschrieben werden, und Bild 45.10, wie man bei Sondergewinde verfährt. Hierzu noch einige Erläuterungen zu dem Maß der Gewindelänge.

In den Ausgaben Dezember 1952 und März 1953 der auf S. 42 u. 43 angezogenen Normblätter über Sechskant- und Stiftschrauben ist die in den Normen mit b bezeichnete Gewindelänge die *nutzbare* Gewindelänge; der Auslauf x (nach DIN 76) liegt außerhalb der dünn gezeichneten Gewindebegrenzungslinie.

Bei den Stiftschrauben dagegen schließt das Maß b_1 der Gewindelänge des Einschraubgewindes den Gewindeauslauf ein; denn nur durch das Einpressen der auslaufenden Gewindegänge des Einschraubendes in die scharf ausgeschnittenen Gänge des Gewindeloches erhält die Stiftschraube den von ihr verlangten festen Sitz.

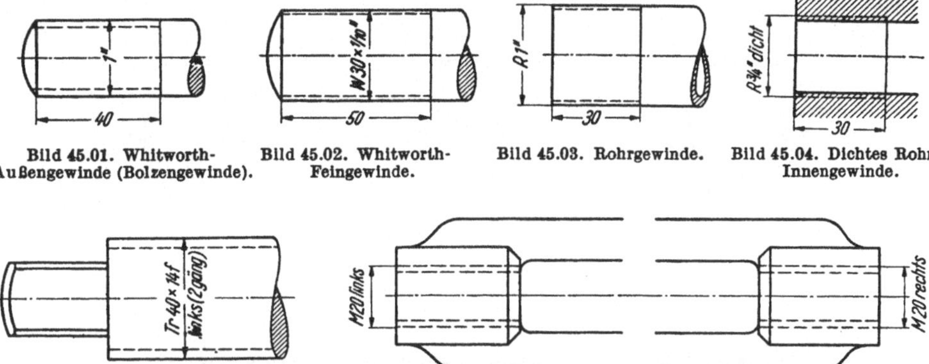

Bild 45.01. Whitworth-Außengewinde (Bolzengewinde). Bild 45.02. Whitworth-Feingewinde. Bild 45.03. Rohrgewinde. Bild 45.04. Dichtes Rohr-Innengewinde.

Bild 45.05. Links- und zweigängiges Trapezgewinde, Gütegrad fein. Bild 45.06. Spannschloß mit Links- und Rechtsgewinde.

Manche Firmen schreiben vor, den Gewindeauslauf zu zeichnen, auf DIN 76 hinzuweisen und bei Innengewinde auch noch die Kernlochtiefe anzugeben (Bild 45.09). Das kann für dichte Gehäuse wichtig sein, damit ein zu tief gebohrtes Kernloch nicht die Wanddicke schwächt (s. a. Bild 104.05).

Weist ein Teil Links- und Rechtsgewinde von gleichen Abmessungen auf, so wird auch das Rechtsgewinde mit dem Zusatz *rechts* versehen (Bild 45.06).

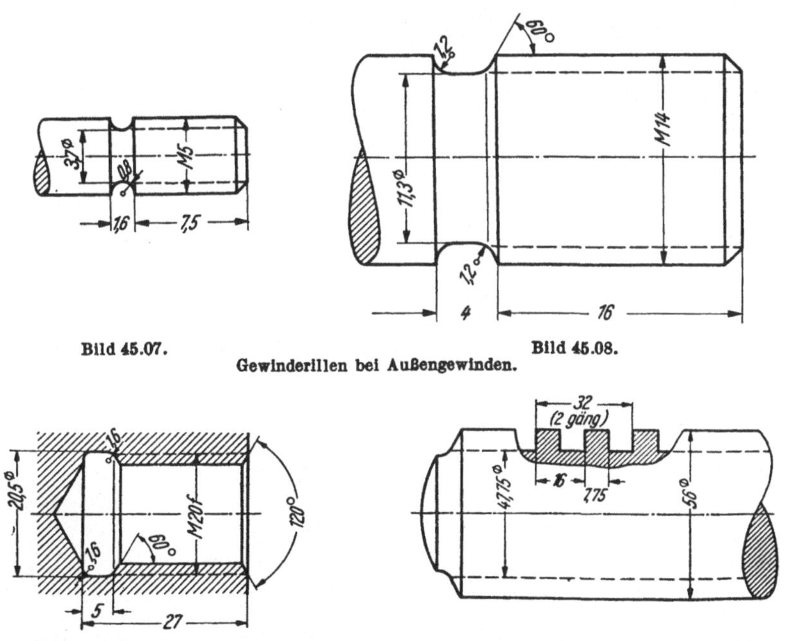

Bild 45.07. Bild 45.08. Gewinderillen bei Außengewinden.

Bild 45.09. Gewinderille bei Innengewinde. Bild 45.10. Flachgewinde (Sondergewinde).

Gewinderillen für Außengewinde mit einer Steigung von $h \leq 0{,}8$ mm sind nach Bild 45.07, von $h > 0{,}8$ mm nach Bild 45.08 und für Innengewinde nach Bild 45.09 auszuführen. Die Rillenmaße können wegfallen, falls auf DIN 76 verwiesen wird (Bild 44.02).

Innengewinde für Stiftschrauben ist mit dem Gütegrad *fein* zu schneiden (Bild 45.09).

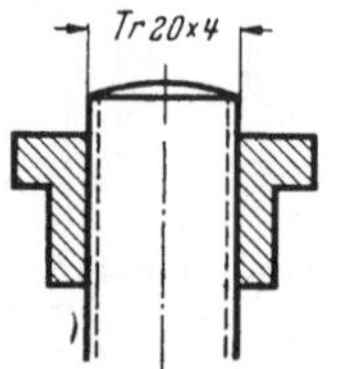

Bild 46.01. Spindel mit Mutter. (Richtig.)

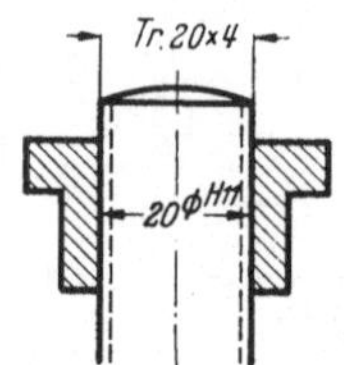

Bild 46.02. Spindel mit Buchse; Aus dem Passungsmaß H 11 (s. Bild 59.03) ist zu ersehen, daß auf der Spindel eine Buchse mit Spiel sitzt.

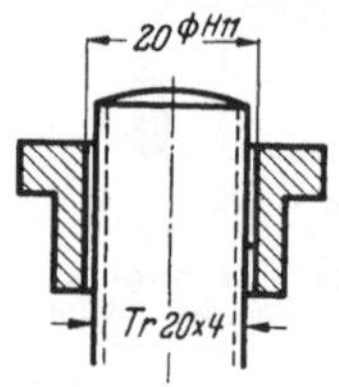

Bild 46.03. Spindel mit Buchse. Bessere Darstellung als in Bild 46.02, da Spiel übertrieben gezeichnet.

1.83 Vereinfachungen für Kleindarstellungen.

In Kleindarstellungen von Sinnbildern können die zugehörigen Maß- und Maßhilfslinien durch Bezugsstriche ersetzt werden, welche von den Sinnbildern zu den Maßzahlen oder Bezeichnungen führen (in Bild 46.04, Spalte „vereinfacht"). Werden bei starker Verkleinerung die Sinnbilder zu klein und damit undeutlich, so können sie weggelassen werden, und an ihre Stelle treten Mittellinien und Mittellinienkreuze. Von diesen aus werden die Bezugsstriche nach den Maßzahlen und Bezeichnungen gezogen (in Bild 46.04, Spalte „weiter vereinfacht"). Bei untenliegenden (verdeckt liegenden) Bohrungen oder Gewinden werden die Bezugsstriche, soweit sie durch die Darstellung verdeckt sind, gestrichelt gezeichnet.

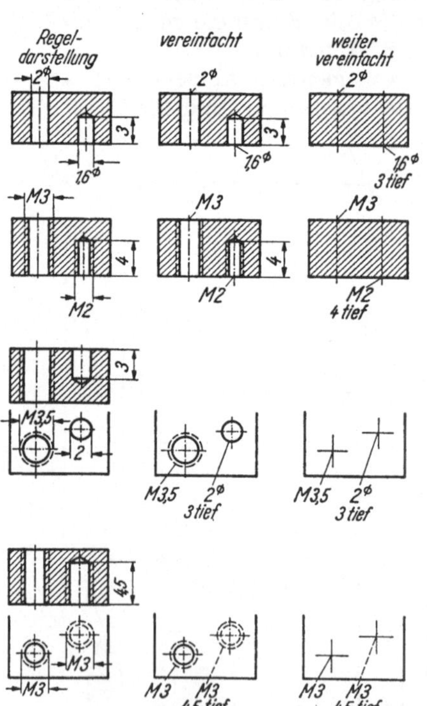

Bild 46.04. Bohrungen und Gewinde in Kleindarstellungen.

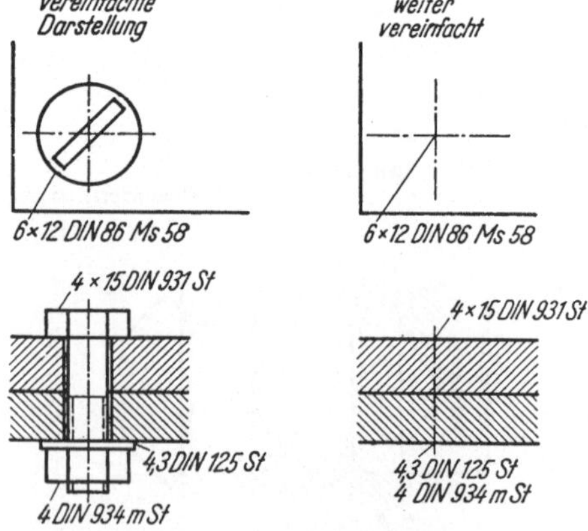

Bild 46.05. Schraubenverbindungen in Kleindarstellungen.

Falls die Organisation eines Werkes es zuläßt, können die normgemäßen Bezeichnungen von DIN-Teilen soweit wie möglich gekürzt werden. So bedeutet in Bild 46.05 die Angabe: 6×12 DIN 86 Ms 58, daß es sich um eine Halbrundschraube M 6 × 12 DIN 86 Ms 58 handelt. Bei der Werkstoffangabe genügt es meistens die Werkstoffgruppe (St, Ms, Alu usw.) zu nennen, weil die in der Regel zu verwendenden Werkstoffe auf dem Normblatt verzeichnet sind.

1.84 Sinnbilder für Federn.

Schraubenfedern werden nach Bild 47.01 bis 47.05 dargestellt. Bild 47.01 und 47.02 zeigen *Druckfedern* und Bild 47.03 und 47.04 *Zugfedern.* Bei Einzeldarstellung bevorzugt man die Bilder 47.01 und 47.03. Anzugeben sind (Bild 47.01):

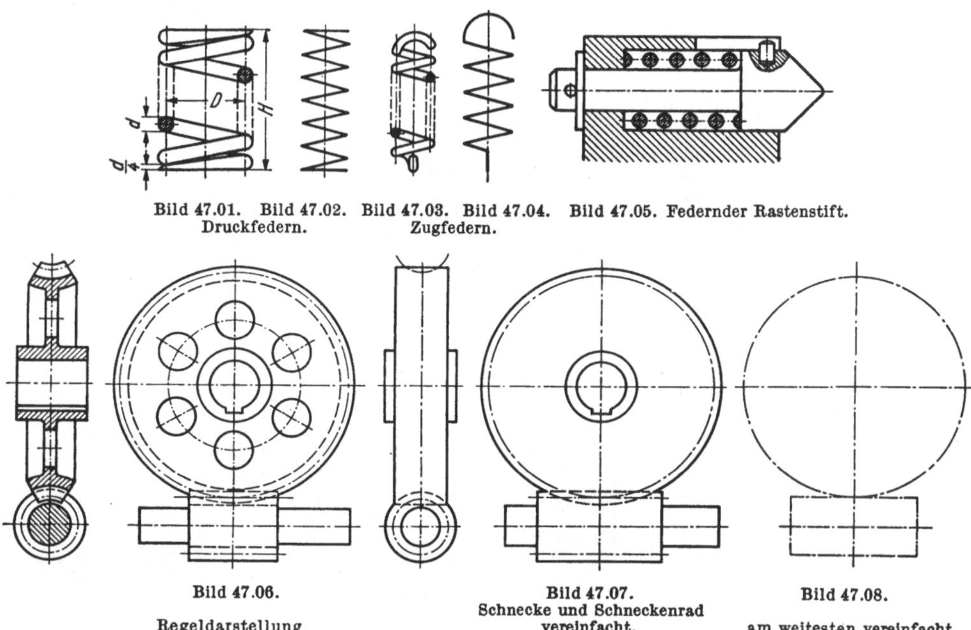

Bild 47.01. Bild 47.02. Druckfedern. Bild 47.03. Bild 47.04. Zugfedern. Bild 47.05. Federnder Rastenstift.

Bild 47.06. Regeldarstellung

Bild 47.07. Schnecke und Schneckenrad vereinfacht.

Bild 47.08. am weitesten vereinfacht.

Drahtdicke *d*, Windungsdmr *D*, Federhöhe *H*, Federkraft *P*, Anzahl der federnden Windungen, dazu die angebogenen Windungen je Ende und Gesamtwindungen, weitere Einzelheiten siehe DIN 2075 und 2089 (Berechnung der zylindrischen Schraubenfeder mit Kreisquerschnitt).

In schematischen Zeichnungen stellt man Druckfedern nach Bild 47.02 und Zugfedern nach Bild 47.04 dar. In Übersichtzeichnungen werden mitunter auch die hinter der Schnittebene liegenden Umrißlinien der Windungen gezeichnet (Bild 22.03), sie werden weggelassen (Bild 47.05), wenn davorliegende Teile die Umrißlinien nahezu verdecken.

Die Darstellung von Blatt-, Kegel- und Spiralfedern entnehme man DIN 29.

1.85 Sinnbilder für Zahnräder.

Bei den auf DIN 37 festgelegten Sinnbildern für Zahnräder ist man von der Darstellung der Schnecke und des Schneckenrades ausgegangen (Bild 47.06).

Faßt man ein Schneckengetriebe als Sonderfall von Schraube und Mutter auf, so ist nach der Gewindedarstellung bei der Schnecke (= Schraube) der Außendmr (= Kopflinie-Kopfkreis) voll und der Kerndmr. (= Fußlinie-Fußkreis) gestrichelt zu zeichnen. Somit muß man für das Schneckenrad (= Mutter) die gleiche Darstellung wählen. Neu hinzukommt die Darstellung der Teilbahn (=Wälzkreis-Teilkreis) durch eine Strichpunktlinie, hierzu Bild 47.06. Im Bereich des Eingriffes werden die Kopflinie der Schnecke und des Schneckenrades gestrichelt.

Bild 47.07 zeigt ein vereinfachtes und Bild 47.08 das am weitesten gekürzte Sinnbild.

Bild 48.01—48.05. Zahnradpaare.

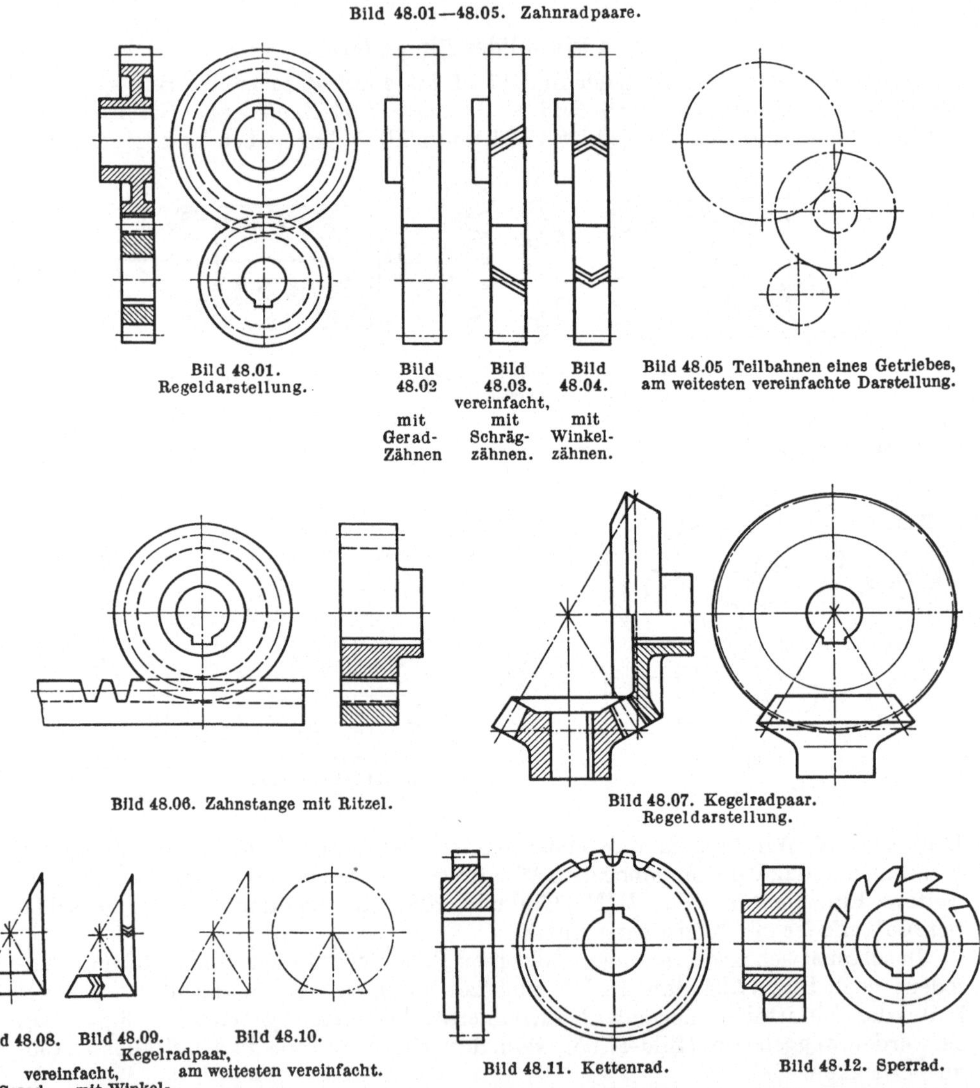

Bild 48.01. Regeldarstellung.

Bild 48.02 mit Gerad-Zähnen. Bild 48.03. vereinfacht, mit Schräg-zähnen. Bild 48.04. mit Winkel-zähnen.

Bild 48.05 Teilbahnen eines Getriebes, am weitesten vereinfachte Darstellung.

Bild 48.06. Zahnstange mit Ritzel.

Bild 48.07. Kegelradpaar. Regeldarstellung.

Bild 48.08. Bild 48.09. Bild 48.10. Kegelradpaar, vereinfacht, mit Gerad-zähnen, mit Winkel-zähnen. am weitesten vereinfacht.

Bild 48.11. Kettenrad.

Bild 48.12. Sperrad.

Aus der Darstellung des Schneckengetriebes ergibt sich das Sinnbild für *Zahnräder* nach Bild 48.01. In Schnittzeichnungen wird der Schnitt bei beiden Zahnrädern durch eine Zahnlücke gelegt, der Zahn erscheint daher stets in Ansicht. Weiter vereinfachte Sinnbilder sind die Bilder 48.02 bis 48.04, von denen das zweite auf Schrägzähne und das letzte auf Winkelzähne hinweist. Bei schematischen Darstellungen zeichnet man lediglich die Teilbahnen (Bild 48.05).

Bild 48.06 ist das Sinnbild für eine *Zahnstange* mit Ritzel.

Das ausführlichste Sinnbild für ein *Kegelradpaar* zeigt Bild 48.07, Bild 48.08 und 48.09 sind gekürzte Darstellungen, das letzte mit Winkelzähnen, Schrägzähne wären nach Bild 48.03 zu zeichnen. Bild 48.10 ist das am weitesten gekürzte Sinnbild.

Ketten- und *Sperräder* werden wie Zahnräder dargestellt, Bild 48.11 und 48.12, nur sind zur Kennzeichnung einige Zähne zu zeichnen.

Bild 49.01, 49.02 und 49.03 sind die Sinnbilder für *Schraubenräder*.

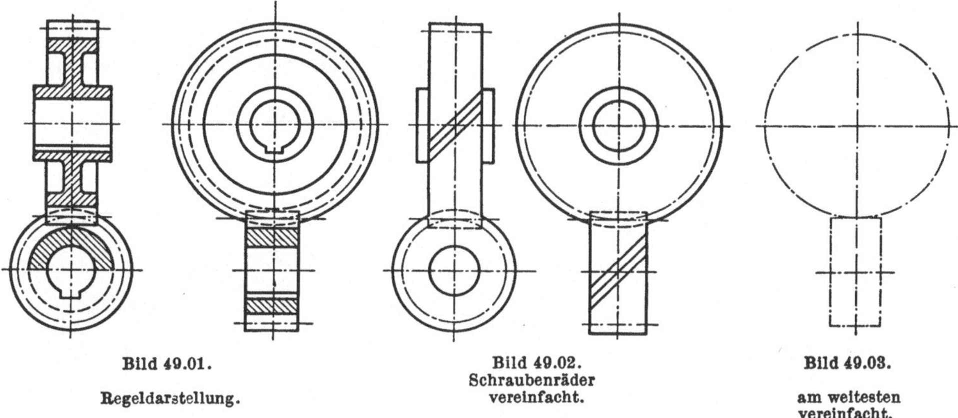

Bild 49.01. Regeldarstellung.

Bild 49.02. Schraubenräder vereinfacht.

Bild 49.03. am weitesten vereinfacht.

1.86 Sinnbilder für Schweißnähte.

Nach DIN 1910 ist Schweißen die Vereinigung von Werkstoffen gleicher oder gleichartiger Zusammensetzung unter Einwirkung von Wärme ohne oder mit Zuführung eines gleichen oder gleichartigen Werkstoffs.

Schweißarten:

Schmelzschweißung (Bild 51.01)
Schweißverfahren mit oder ohne Zusatzwerkstoff mit örtlich begrenzten Schmelzfluß
durch
Zu- und Ablaufgießverfahren
Thermitschweißung
Lichtbogenschweißung
Gasschmelzschweißung.

Preßschweißung (Bild 52.01)
Verbindungsverfahren ohne Zusatzwerkstoff der erhitzten Werkstücke durch Druck oder Schlag
durch
Hammerschweißung
Elektrische Widerstandsschweißung
Thermitschweißung.

Die Kehlnahtdicke a ist gleich der Höhe des größten in den Querschnitt der Naht eingeschriebenen gleichschenkligen Dreiecks, s. Bild 50.01.

In der maßstäblichen Darstellung in Bild 51.01 sind in der Ansichtszeichnung die Schweißraupen durch gebogene bzw. gerade Schraffen gekennzeichnet; die Schraffen sind wegzulassen, falls sie die Klarheit des Bildes beeinträchtigen würden.

1.87 Sinnbilder für Rohrleitungen.

Auf DIN 2429 Blatt 1 bis 4 sind die Sinnbilder für Rohrleitungen (Rohrpläne), auf DIN 2430 Blatt 1 bis 4 die Sinnbilder und Kurzzeichen für Formstücke und auf DIN 2403 die Kennfarben für Rohrleitungen festgelegt.

Bild 50.02 zeigt den Plan einer Dampfleitung, und zwar im oberen Bild in sinnbildlicher Darstellung und darunter teils in maßstäblicher Zeichnung teils in sinnbildlicher Weise. Der Verkleinerungsmaßstab zwingt zu dieser gemischten Darstellungsart, weil es zeichnerisch nicht möglich ist, die verwendeten Armaturen mit allen Einzelheiten wiederzugeben.

Die Sinnbilder in Bild 50.02 bedeuten:

1 Flansch
2 Glattes Rohr
3 Wasserabscheider
4 Kondenstopf
5 Registrierender Dampfmesser mit Flanschen
6 T-Stück mit Flanschen
7 Wechselventil mit Flanschen
8 Druckminderventil mit Flanschen (Dreieckspitze gibt Richtung der Druckminderung an)
9 Kugel-T-Stück
10 Flanschenübergangsstück
11 Ecksicherheitsventil mit Gewichtsbelastung
12 Rohrbruchventil (ohne besondere Absperrung von Hand).

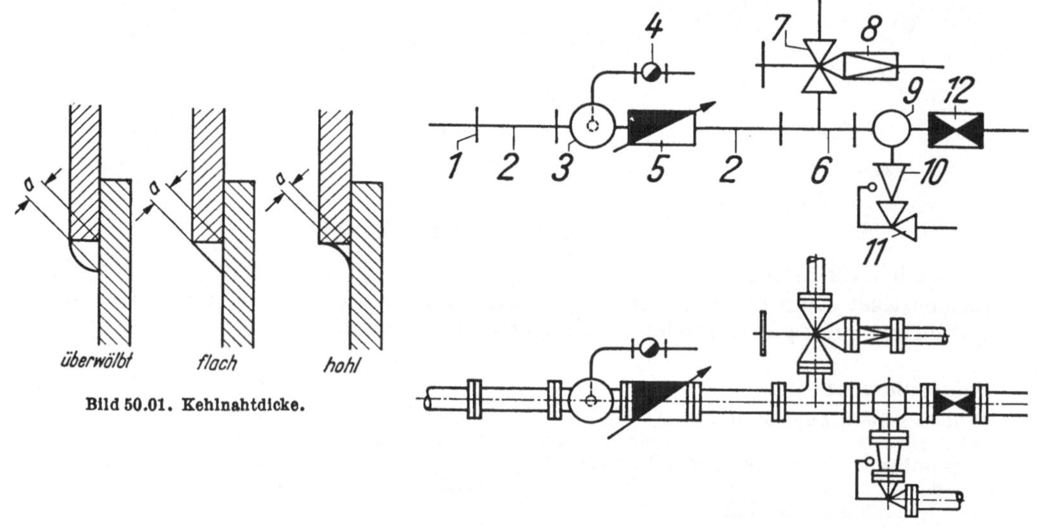

Bild 50.01. Kehlnahtdicke.

Bild 50.02. Rohrplan einer Dampfleitung.

Eine Auswahl aus den Sinnbildern für Formstücke zeigen Bild 50.03 und 50.04.

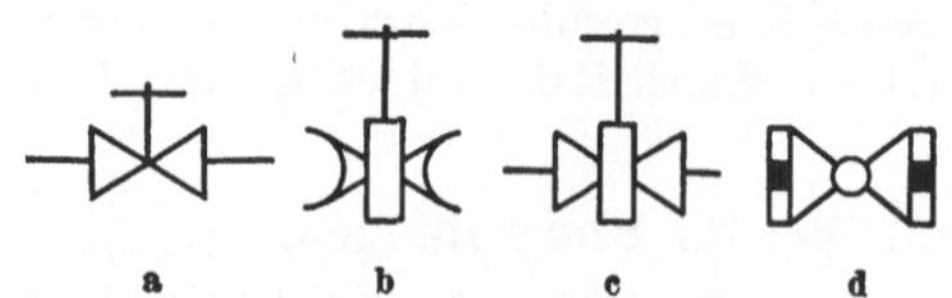

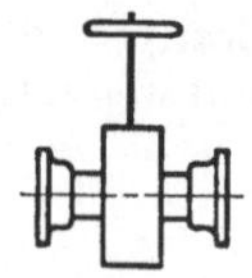

Bild 50.03. Sinnbilder für Formstücke.

a) Durchgangsventil mit Flanschen. b) Schieber mit Gußrohrmuffen. c) Schieber mit Flanschen. d) Hahn mit Gewindemuffen.

Bild 50.04. Schieber mit Gußrohrmuffen (M ≈ 1 : 20).

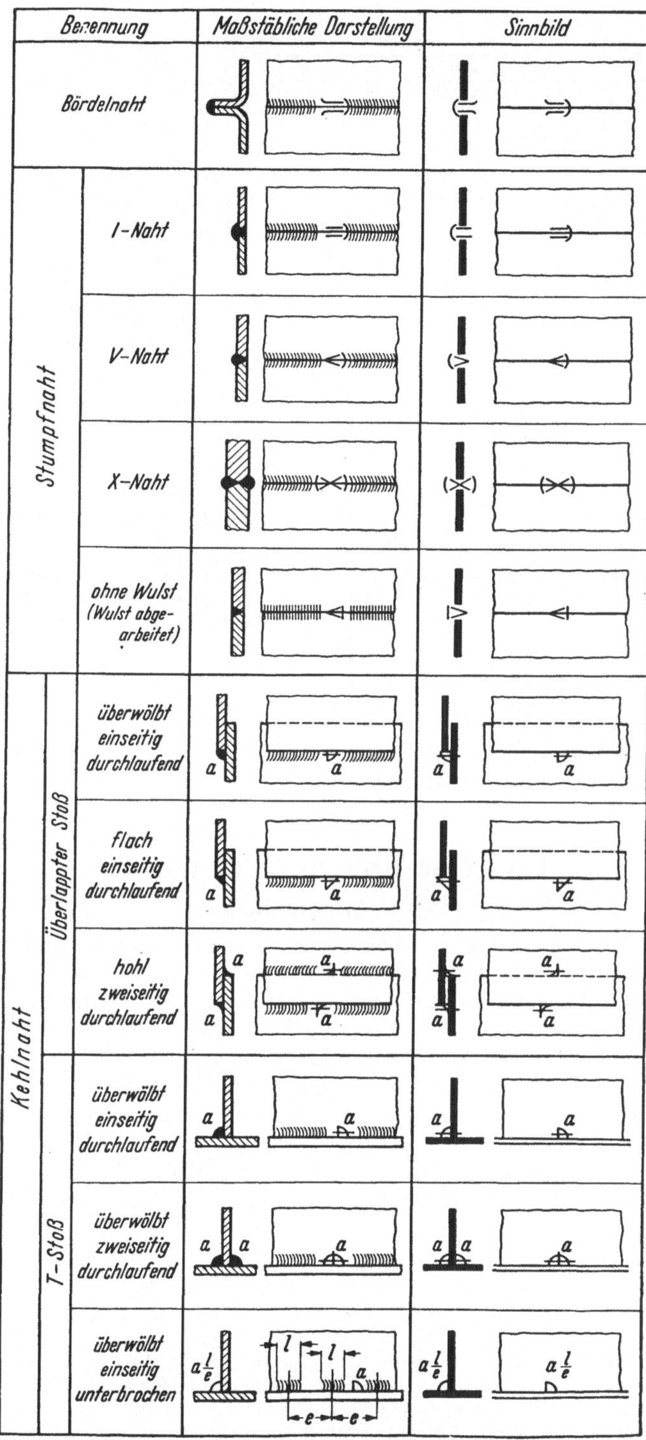

Bild 51.01. Sinnbilder für Schmelzschweißen. (Auswahl aus DIN 1912).

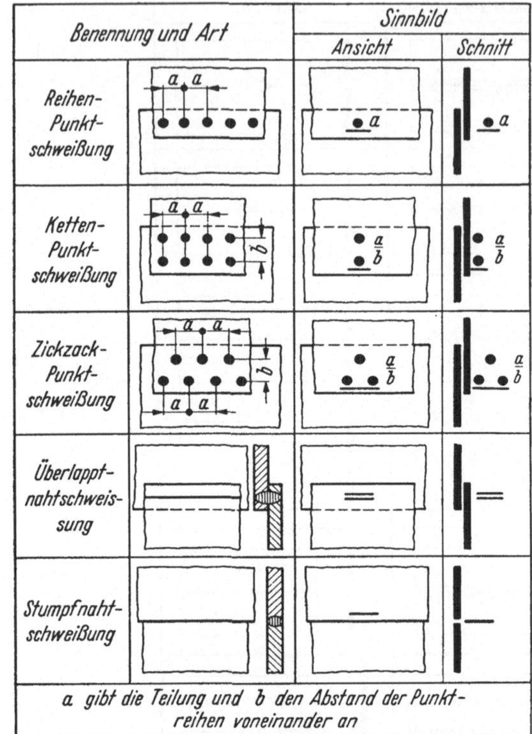

Bild 52.01. Sinnbilder für Preßschweißen. (Auswahl aus DIN 1911.)

1.88 Weitere Sinnbilder.

Der Vollständigkeit halber sei auf die Normblätter: DIN 407 Sinnbilder für Niete und Schrauben bei Stahlkonstruktionen, DIN 612 Wälzlager-Sinnbilder, DIN 991 Sinnbilder für Transmissionsteile, DIN 40 700 Schaltzeichen und Pläne für Fernmeldeanlagen, DIN 40 709 Schaltzeichen und Pläne für Starkstromanlagen und DIN 40 710 Schaltzeichen und Pläne für Starkstromanlagen — Stromarten und Schaltarten hingewiesen.

Der Rahmen des vorliegenden Buches erlaubt es nicht, einen Auszug aus den vorgenannten Normblättern zu bringen, umfaßt doch DIN 40 700 allein ein Heft von 49 Seiten!

1.9 Toleranzen und Passungen[1].

1.91 Allgemeines.

Die Maßzahlen, die der Konstrukteur auf seinen Zeichnungen an die Werkstücke schreibt, bestimmen die Größe und die Form des Werkstücks; sie sind durch die „Funktion" des Teils, z. B. bei der Ventilspindel eines Ventils, Bild 64.03, durch die Festigkeitsrechnung, durch den Abstand zu benachbarten Teilen, durch bewegliche (z. B. Gewinde) oder feste (z. B. Handrad) Beziehungen (Paßflächen) bestimmt.

Es gibt Maße, die nur in ganz groben Grenzen (Freimaßtoleranzen) und solche, die in sehr genauen Grenzen (z. B. beim Einbau von Wälzlagern) eingehalten werden müssen.

Im ersten Fall handelt es sich um Maße ohne Toleranzangabe, die an diesen Stellen nicht mit anderen Maschinenteilen in unmittelbare Berührung kommen; auf den Zeichnungen ist z. B. im Schriftfeld unter Hinweis auf den Normblatt-Entwurf DIN 7168 (zulässige Abweichungen für Maße ohne Toleranzangaben) der geforderte Genauigkeitsgrad anzugeben (s. diesen auf S. 56).

Im anderen Fall sind die Toleranz- oder Paßmaße einzutragen.

---

[1] Literatur: Leinweber, P.: Passung und Gestaltung. Berlin: Springer 1942. — Ders.: Toleranzen und Lehren. 5. Aufl. Berlin/Göttingen/Heidelberg: Springer 1948. — Senner, A.: Die ISA-Passungen ... Stuttgart: Gewerbl. Fachzeitschr.-Verlag 1949. — Tschochner, H.: Toleranzen und ISA-Grenzlehren. Füssen: Wintersche Verlagshandl. 1952.— Kienzle, O.: Toleranzen und Passungen (Kurzbericht). DIN-Mitt., Bd. 33 (1954), H. 1, S. 5—8.

1.92 Toleranzen.

Aus Gründen der Wirtschaftlichkeit ist es nicht möglich, das in Bild 53.01 dargestellte Werkstück mit genau 28,00 mm Länge herzustellen. Bei einer größeren Stückzahl werden sich außerdem unterschiedliche Maße ergeben. Die Frage, welche Maßunterschiede die „Funktion" des Werkstücks nicht beeinträchtigen, hat der Konstrukteur zu entscheiden.

Zunächst ist zu beachten, daß jede Messung mit einer Meßunsicherheit behaftet ist, deren Größe von der Art des Meßwerkzeuges, des Meßverfahrens, der Oberflächenform der zu messenden Fläche und ihrer Oberflächengüte (z. B. Rauhigkeitszustand) abhängig ist.

Es sei angenommen, daß das am fertigen Werkstück gemessene Maß, das Istmaß I, 27,96 mm betrage, während das Nennmaß $N = 28$ sei.

Die vom Konstrukteur zugelassenen *Grenzmaße,* zwischen denen das Istmaß liegen darf, seien das *Größtmaß* $L_g{}^* = 28{,}12$ und das Kleinstmaß $L_k{}^* = 27{,}85$. Der Unterschied beider Grenzmaße ist die *Toleranz* $T = 28{,}12 - 27{,}85 = 0{,}27$; *Toleranzmaß.* Wird die Toleranz in einem Schaubild, Bild 63.03 dargestellt, so ist das zwischen L_g bzw. D_g und L_k bzw. D_k liegende Feld das *Toleranzfeld.*

Nennmaß $N = 28$ ist das Maß, auf das die *Abmaße* bezogen werden, wobei das *obere Abmaß* A_o durch den Unterschied Größtmaß weniger Nennmaß ($28{,}12 - 28{,}00 = +0{,}12$) und das *untere Abmaß* A_u entsprechend Kleinstmaß weniger Nennmaß ($27{,}85 - 28{,}00 = -0{,}15$) gegeben ist; diese beiden Maße (+0,12 und −0,15) heißen auch *Nennabmaße;* sie sind stets mit einem Vorzeichen zu schreiben; sie ergeben mit den Nennmaßen die *Nenngrenzmaße* des Werkstücks, d. h. die Grenzen, zwischen denen das Istmaß — beliebig — liegen soll.

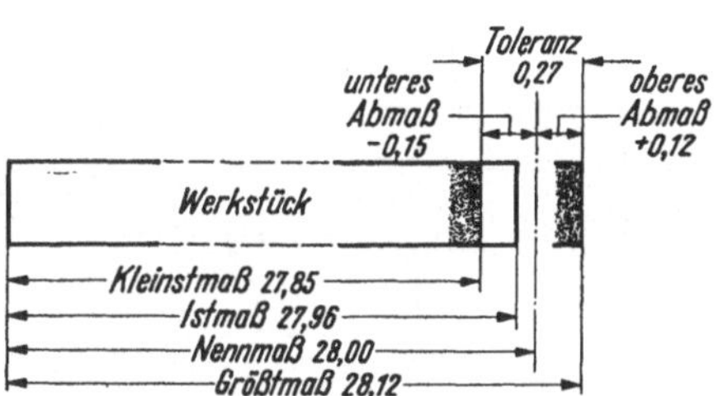

Bild 53.01. Bezugsgrößen am Werkstück, Abkürzungen: Istmaß $= I$; Nennmaß $= N$; Größtmaß $= L_g$; Kleinstmaß $= L_k$; Oberes Abmaß $= A_o$; unteres Abmaß $= A_u$; Toleranz $= T$.

1.921 Maße, die toleriert werden müssen. In Abschn. 1.92 wurde gesagt, daß der Konstrukteur entscheiden muß, wie groß die Maßunterschiede sein dürfen; darüber hinaus muß er wissen, welche Maße überhaupt toleriert werden müssen. Je weniger Maße zu tolerieren sind und um so gröber die Toleranzen sein können, um so wirtschaftlicher läßt sich das Werkstück herstellen; es ist jedoch zu beachten, daß bei großen Stückzahlen infolge der Anwendungsmöglichkeit besonderer wirtschaftlicher Fertigungsverfahren auch die Wahl engerer Toleranzen gerechtfertigt erscheint. Es ist daher unmöglich Richtlinien für das Tolerieren anzugeben, die in *allen* Fällen zutreffend sind.

Im allgemeinen sind folgende Maße mit Toleranzangaben zu versehen.

Wanddicken von Zylindern, Behältern, Deckeln und Rohren, die unter innerem Überdruck stehen; wichtig ist hier das Einhalten des Kleinstmaßes; Möglichkeit der Kernverlagerung bei Gußstärken ist besonders zu beachten, s. S. 90.

Durch *Rechnung* ermittelte *Abmessungen* hochbeanspruchter Konstruktionselemente; z. B. Form der Hohlkehlen, Übergänge vom Schaft zum Kopf an Stangen oder Schrauben, s. S. 99 u. 100.

Längs- und *Durchmesserpassungen*, d. h. also Flächen, an denen in der Regel eine Kraftübertragung stattfindet; hier fast stets statt Toleranzangaben nur Passungs-

* Buchstabe L für Längen-(Strecken)maße, allgemein; Buchstabe D für Durchmesser-(Zylinder)maße. Index g bedeutet Größt..., Index k bedeutet Kleinst....

Kurzzeichen, s. S. 59. Dazu gehören alle Paßteile, die ohne Nacharbeit zusammengebaut bzw. bei Abnutzung durch neue ersetzt werden müssen; Austauschbarkeit.

Abstände, die für eine bestimmte Funktion der Einzelteile eingehalten werden müssen, z. B. Achsabstände bei Zahnrädern, Bild 56.02, Längen der Schubstangen bei bestimmten Kolbenmaschinen (damit der Kolben nicht gegen den Zylinderdeckel stößt, Bild 74.01 und 76.01), Hebel an Waagen, nicht aber die Hebellänge eines Handhebels einer Winde, da ja für die Betätigung durch die Hände schon genügend Platz vorhanden sein muß.

Anlageflächen oder *Aufspannflächen* von Werkstücken, die in Vorrichtungen eingespannt werden sollen oder von deren genauer Paßform die Weiterbearbeitung abhängt.

Maße, die auf genau *einzuhaltendes Gewicht* von Einfluß sind, z. B. schnellaufende Scheiben, Kolben und Schubstangen von Bremskraftmaschinen hoher Drehzahl.

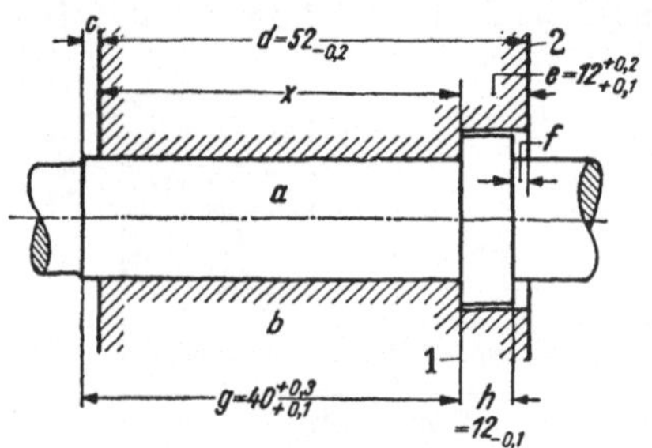

Bild 54.01. Bestimmung von Überstand *c* und Rücksprung *f*.

Zusammenfassend: Die Tolerierung kann durch die Funktion (in weitestem Sinn) des Werkstückes oder bzw. und durch die Fertigungsverfahren notwendig sein.

Anmerkung. Außer diesen Toleranzen für Maße gibt es noch solche für Mittigkeit (S. 56), Winkel (S. 57), Form, Gewicht, Zeit und Temperatur.

1.922 Maße, die nicht toleriert zu werden brauchen, die also auf der Zeichnung keine unmittelbare Toleranzangabe erhalten (Freimaßtoleranzen).

Es kann in vielen Fällen, vor allem aber bei großen Stückzahlen zweckmäßig sein für nicht tolerierte Maße zulässige Abweichungen (Freimaßtoleranzen) festzulegen; selbstverständlich werden diese Abweichungen wesentlich größer sein müssen als die Toleranzen z. B. für Paßmaße an Paßflächen, s. S. 58. Vorschläge für die Größe dieser Freimaßtoleranzen sind im 2. Normblatt-Entwurf DIN 7168 (März 1952) enthalten. Weitere Vorschläge s. DIN-Mitteilungen Bd. 32 (Oktober 1953), H. 10.

Die im DIN-Entwurf angegebenen zulässigen Abweichungen sind auf Grund von Erfahrungen der verschiedenen Industriezweige und der verschiedenen Fertigungsverfahren zusammengestellt; sie sind für die verschiedenen Werkstoffe unterschiedlich. Grundsätzlich liegen ihre Toleranzfelder *symmetrisch* zum Nennmaß (Nulllinie), also plus/minus, etwa entsprechend dem Kurzzeichen *j* bzw. *J* für Passungen; Näheres s. Bild 59.03.

Die Größe der zulässigen Abweichungen ist nach DIN 7168 bei spanloser und spangebender Fertigung von metallischen Werkstoffen z. B. für den Nennmaßbereich über 10 bis 100 mm: fein $\pm 0{,}15$ mm, (vorzugsweise) mittel $\pm 0{,}3$ mm, grob $\pm 0{,}5$ mm.

Allgemein liegen die vorgeschlagenen Werte für die zulässigen Abweichungen im Bereich von etwa $\pm\, ^1/_2$ IT 12 bis $\pm ^1/_2$ IT 16; über IT s. S. 58.

1.923 Eintragen der Toleranzen. *Längenmaße.* Die Spindel *a* in Bild 54.01 soll in der Buchse *b* so sitzen, daß ein Überstand *c* und ein Rücksprung *f* vorhanden ist. Aus den eingeschriebenen Toleranzen für *d*, *e*, *g* und *h* sind die Grenzmaße für *c* und *f* zu ermitteln.

Es ist zu beachten: Da $e > h$ sein soll, haben *e* Plus-Toleranzen und *h* Minus-Toleranzen. Ferner sind für *d* Minus-Toleranzen und für *g* Plus-Toleranzen eingetragen, weil die linke Kante der Spindel *a* über die Buchse *b* um *c* überstehen soll.

Die tolerierten Maße g und h der Spindel sind auf die Kante 1, dagegen die Maße d und e auf die Kante 2 bezogen, da sie nur von hier aus einfach zu messen sind.

Grenzmaße für den Rücksprung f

Größtmaß	$e_g = 12{,}2$		Kleinstmaß	$e_k = 12{,}1$
Kleinstmaß	$h_k = 11{,}9$		Größtmaß	$h_g = 12{,}0$
Größtmaß f_g $= e_g - h_k$	$= 0{,}3$		Kleinstmaß f_k $= e_k - h_g$	$= 0{,}1$

Grenzmaße für den Überstand c

Um die Rechnung übersichtlich zu machen, wird die Hilfsgröße x eingeführt; $x = d - e$.

Größtmaß $x_g = 52{,}0 - 12{,}1 = 39{,}9$. Kleinstmaß $x_k = 51{,}8 - 12{,}2 = 39{,}6$

Größtmaß	$g_g = 40{,}3$		Kleinstmaß	$g_k = 40{,}1$
Kleinstmaß	$x_k = 39{,}6$		Größtmaß	$x_g = 39{,}9$
Größtmaß c_g $= g_g - x_k$	$= 0{,}7$		Kleinstmaß c_k $= g_k - x_g$	$= 0{,}2$

Man kann annehmen, daß bei einer größeren Stückzahl die am *häufigsten* erzielten Grenzmaße für c und f gleich dem arithmetischen *Mittelwert* der oben ausgerechneten Grenzmaße sein werden entsprechend dem Verlauf der GAUSZschen Häufigkeitskurve; also wahrscheinlich $c \approx 0{,}45$ und wahrscheinlich $f \approx 0{,}2$.

Die Abmaße werden mit ihrem Vorzeichen unmittelbar hinter das Nennmaß N geschrieben und zwar in mm.

Das obere Abmaß A_o, das mit dem Nennmaß N das Größtmaß L_g ergibt, ist *über* die Maßlinie zu schreiben, das untere Abmaß A_u *unter* die Maßlinie.

$40^{+0,2}_{+0,1}$ $40^{-0,1}_{-0,2}$ $12^{+0,1}_{+0,05}$

Das Abmaß 0 wird nicht angegeben $40_{-0,1}$ $12^{+0,1}$. Sind die Abmaße einander gleich, aber entgegengesetzt, so ist die Schreibweise $25 \pm 0{,}1$ anzuwenden.

Falsch wäre $40^{+0,1}_{+0,2}$ $40^{-0,2}_{-0,1}$ $12^{+0,05}_{+0,1}$ $12^{-0,1}_{0}$.

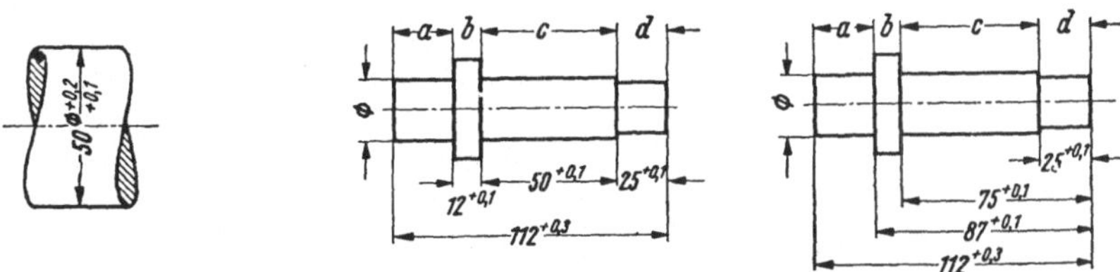

Bild 55.01. Toleranzen bei Durchmessermaßen.

Bild 55.02. Bild 55.03. Aufeinanderfolgende Toleranzmaße.

Bei Durchmessermaßen stehen die Toleranzen hinter dem ⌀-Zeichen, siehe Bild 55.01.

Tolerierte Reihenmaße. Der Konstrukteur habe aus funktionsbedingten Gründen in Bild 55.02 die Maße b, c, d und die Gesamtlänge toleriert und zwar in den Grenzen 0 bis $+0{,}1$ bzw. $+0{,}3$. Das Maß a darf keine Toleranz erhalten; es ist ein Ausgleichmaß für die Toleranzen der Teilmaße.

Es ergibt sich das Größtmaß für $a_g = 112{,}3 - 12{,}0 - 50{,}0 - 25{,}0 = 25{,}3$ und das Kleinstmaß $a_k = 112{,}0 - 12{,}1 - 50{,}1 - 25{,}1 = 24{,}7$.

Würde nun der Konstrukteur wegen der einfacheren Meßmöglichkeit die tolerierten Maße in der in Bild 55.03 dargestellten Weise vom rechten Ende aus eintragen, so würde er einen Fehler begehen; denn z. B. für das Maß b erhielte er folgende Grenzmaße im Gegensatz zu dem in Bild 55.02 angegebenen:

Größtmaß $b_g = 87{,}1 - 75{,}0 = 12{,}1$; Kleinstmaß $b_k = 87{,}0 - 75{,}1 = 11{,}9$; mithin $b = 12 \pm 0{,}1$.

Die Wege für das Umrechnen in diesen Fällen gibt TSCHOCHNER, Lit. S. 52, an.

Freimaßtoleranzen. Nach dem 2. Normblatt-Entwurf DIN 7168 sind auf den Zeichnungen im Schriftfeld oder daneben Hinweise auf DIN 7168 unter „Abweichungen für untolerierte Maße" mit dem geforderten Genauigkeitsgrad (fein, mittel, grob) aufzunehmen. Der Genauigkeitsgrad mittel braucht nicht (wie beim Gewindegütegrad *m*, S. 44) hinzugefügt werden, s. Bild 64.03, 66.01 und 73.01. Beispiele für den Genauigkeitsgrad grob sind die Bilder 67.02 bis 69.01.

Bild 56.01.
Maße, die vom Besteller geprüft werden.

Maße, die vom Besteller (Empfänger) geprüft werden, erhalten eine Umrandung nach Bild 56.01, Strichdicke 0,4. Auf die Zeichnung wird an sichtbarer Stelle ein entsprechender Hinweis gesetzt.

1.924 Besondere Toleranzen. *Abstandstoleranzen.* Die Wellen *a* und *b* in Bild 56.02 sitzen in der Wand eines Getriebekastens. Um den Eingriff der *Zahnräder* sicher zu stellen, muß der Achsabstand toleriert werden, und zwar mit oberem Abmaß +0,5, unteres Abmaß 0; bei negativem unterem Abmaß könnten die Zahnflanken klemmen.

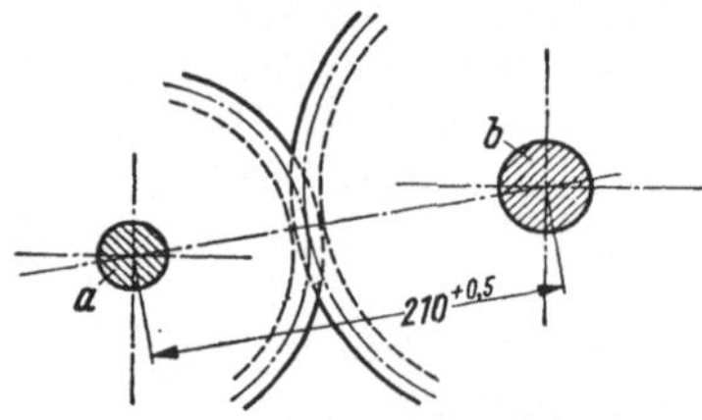

Bild 56.02.
Tolerierter Achsabstand von Zahnrädern.

Mittigkeitstoleranzen. Ein an die Welle *a*, Bild 56.03, angedrehter zylindrischer Zapfen *b* mag mit bloßem Auge betrachtet rund laufen, d. h. er „schlägt" nicht. Mit Präzisionsmeßzeug gemessen wird man jedoch meist einen Schlag feststellen, dessen Größe von der Fertigungs-

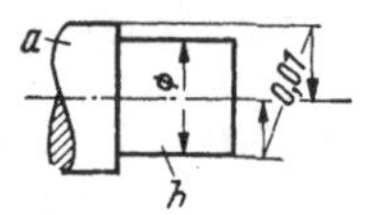

Bild 56.03.
Mittigkeit eines zylindrischen Zapfens.

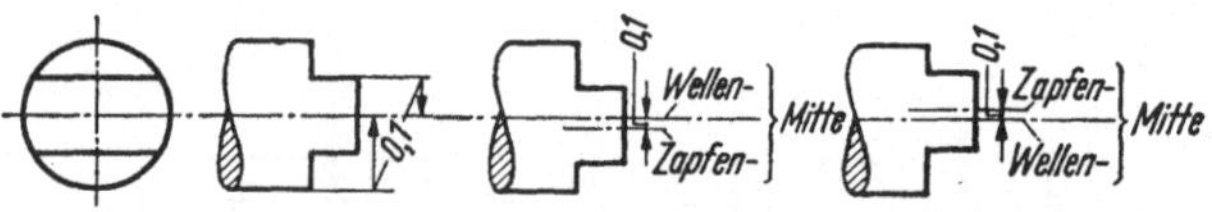

Bild 56.04. Mittigkeit eines angeflächten Zapfens. Lage nach einer halben Umdrehung.

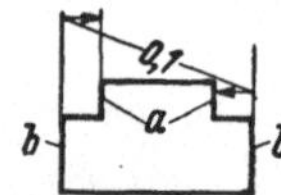

Bild 56.05. Mittigkeit von aufeinander bezogenen Flächen.

genauigkeit abhängt. Im allgemeinen Maschinenbau wird man eine geringe Abweichung beim Lauf schon aus wirtschaftlichen Gründen in Kauf nehmen müssen. Es kann jedoch z. B. im Werkzeugmaschinenbau notwendig sein, für bestimmte Bauteile diese Abweichungen auf ein Kleinstmaß zu halten, weil von der Güte dieser Maschine die Güte des Werkstücks abhängt.

Ein Schlag kann dadurch entstehen, daß die Achse des Zapfens *b* nicht mit der Achse der Welle *a* zusammenfällt, sondern in einem bestimmten Abstand zu dieser parallel liegt; die Größe dieses Abstands kann toleriert werden, *Mittigkeitstoleranz.* Der doppeltgeknickte Linienzug in Bild 56.03 berührt mit seinen Knickstellen die Mantellinien beider Zylinder; die beiden Pfeile weisen auf die Mittellinie. Die eingeschriebene Toleranz 0,01 (ohne Vorzeichen) gibt die höchst zulässige Mittenabweichung der Achsen beider Zylinder *a* und *b* an.

Bild 56.04 zeigt die Angabe der Mittigkeitstoleranz für ein Zweikant, das am Ende einer Welle sitzt. Bei der Bemessung der Toleranz ist zu beachten, daß der Schlag doppelt so ist wie die Mittigkeitstoleranz; in Bild 56.04 ist er $2 \times 0{,}1 = 0{,}2$ mm.

Ein Sonderfall ist in Bild 56.05 dargestellt. Die Flächen *a* dürfen höchstens 0,1 mm unsymmetrisch zu den Flächen *b* liegen; die Maße für die Flächen *a* und *b* müssen entsprechend enger toleriert werden.

Soll die Wellennut möglichst genau symmetrisch zur Wellenachse liegen, so kann die zulässige Toleranz nach Bild 57.01 eingetragen werden.

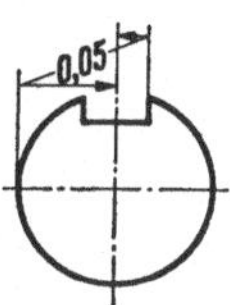

Bild 57.01. Mittigkeit einer Wellennut.

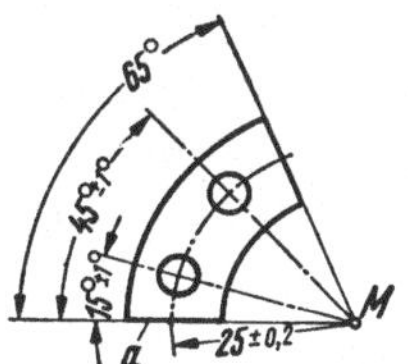

Bild 57.02. Winkeltoleranzen.

Winkeltoleranzen. In Bild 57.02 ist die Lage der beiden Löcher zum Mittelpunkt *M* und zur Kante *a* toleriert.

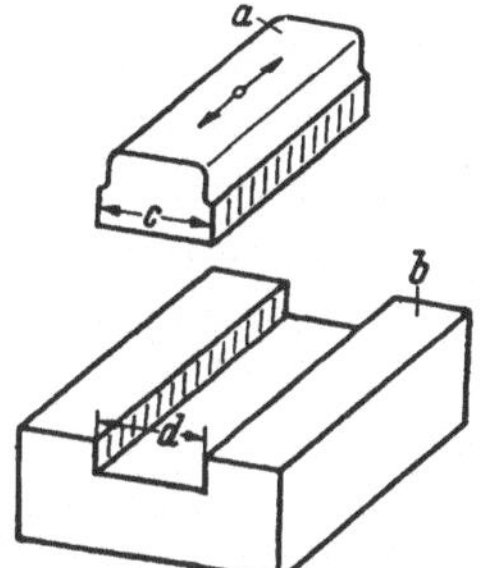

Bild 57.03. Flachpassung.

1.93 Passungen.

Im folgenden wird vor allem eine Anleitung zum Einschreiben der Kurzzeichen für Passungen gegeben. Da jedoch zum verantwortlichen Einschreiben und Überprüfen dieser Zeichen eine klare Einsicht in deren Zweck und Aufbau gehört, sei hier das Wesentliche mitgeteilt.

Teile, die durch *ebene* oder *zylindrische* Paßflächen in fester oder beweglicher Beziehung zueinander stehen, müssen an diesen Flächen, den *Paßflächen*, vorgeschriebene Maße, *Paßmaße*, aufweisen, die durch *Toleranzen* festgelegt werden.

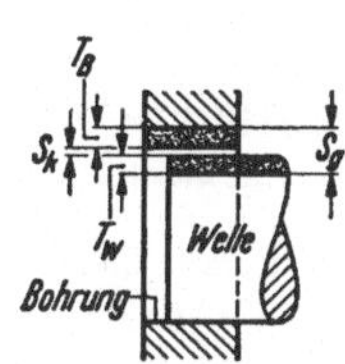

Bild 57.04. Spielpassung. Toleranzfelder gepunktet; T_B = Toleranz der Bohrung; T_W = Toleranz der Welle; S_g = Größtspiel; S_k = Kleinstspiel.

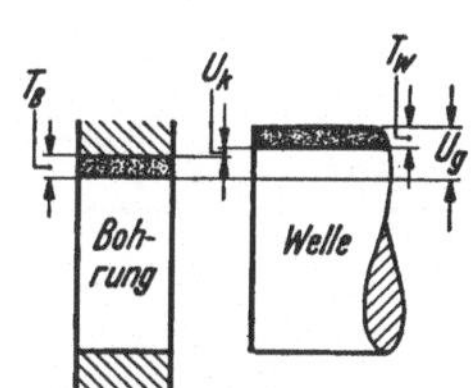

Bild 57.05. Preßpassung. Toleranzfelder gepunktet; T_B = Toleranz der Bohrung; T_W = Toleranz der Welle; U_g = Größtübermaß; U_k = Kleinstübermaß.

Der Schieber *a* in Bild 57.03 soll in der Nut der Platte *b* in Richtung der Pfeile hin und her bewegt werden. Daher müssen die Maße für *c* und *d* aufeinander abgestimmt, d. h. mit Toleranzen versehen werden. Die Seitenflächen von *a* und die entsprechenden Seitenflächen der Nut bilden die Paßflächen; die Maße für *c* und *d* sind Paßmaße. Es handelt sich hier um eine Flachpassung; der sich in einer Lagerbuchse drehende Zapfen bildet dagegen mit dieser (an seinen Laufflächen) eine Rundpassung (Zylinderpassung).

Die folgenden Darstellungen beziehen sich hauptsächlich auf Rundpassungen, sie gelten sinngemäß auch für Flachpassungen. Beachte: Die Innenmaße von Flachpassungen, also *d* in Bild 57.03, entsprechen den Bohrungen der Rundpassung; die Außenmaße der Flachpassungen, also *c*, entsprechen den Wellen der Rundpassung.

1.931 ISA*-Passungen. Man unterscheidet Spielpassungen, bei denen sich bei der Paarung stets ein Spiel, Bild 57.04, ergibt, ferner Übergangspassungen, die je nach Lage der Toleranz zu Spiel oder Übermaß führen und schließlich Preßpassungen, Bild 57.05, die stets Übermaß vor dem Fügen haben.

Das Eintragen der Toleranzen mit Vorzeichen und Abmaßen, wie es im Abschnitt 1.92 Toleranzen beschrieben wurde, würde bei Passungen besondere Nachteile bringen. Die Art der Passung wäre aus den Zahlen nicht ohne weiteres zu erkennen. Die Dezimalzahlen und die Vorzeichen nähmen zu viel Platz ein, erforderten besonders große Sorgfalt beim Einschreiben und könnten leicht bei undeutlichen Pausen zu Fehlern führen. Für ISA-Passungen werden daher Passungs-Kurzzeichen verwendet.

Das ISA-Toleranzsystem besitzt für jeden Nennmaßbereich 18 Toleranzstufen; jede Stufe hat eine Grundtoleranz, s. DIN 7151, die mit *Qualität* bezeichnet wird. Die Grundlage dieser Toleranzen ist die *Toleranzeinheit* $i = 0{,}45\sqrt[3]{D} + 0{,}001\,D$; i in μ; $1\,\mu = {}^1/_{1000}$ mm; Durchmesser D in mm ist das geometrische Mittel der beiden Grenzen *eines* Nennmaßbereichs.

Als Kurzzeichen für die Qualität schreibt man auch IT, abgekürzt aus ISA-Toleranzreihe, gekennzeichnet durch die Zahlen 1 bis 18. Es bedeutet IT 10: Grundtoleranz 10 = Qualität 10, die vorwiegend für Passungen benutzt wird, s. Zahlentafel. Der Zahlenwert der Toleranz ist durch ein Vielfaches der Toleranzeinheit i gegeben; so ist z. B. für IT 10 die Größe der Toleranz (= Differenz der Grenzmaße) = 64 i, s. untere Reihe der Zahlentafel. Beachte: Es ist $i = f(D)$; aber für einen *bestimmten* Nennmaßbereich ist i = const.

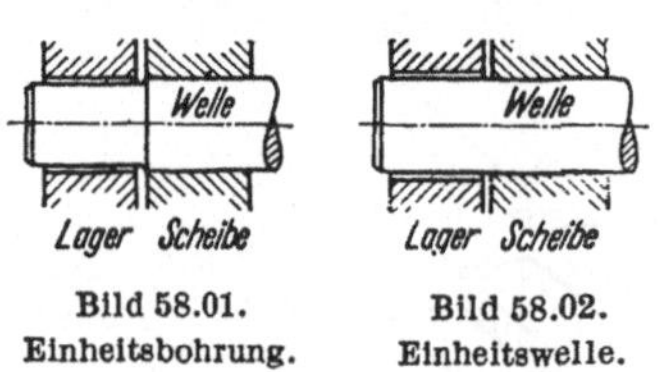

Bild 58.01. Einheitsbohrung. Bild 58.02. Einheitswelle.

für Lehren ← → | ← überwiegend für Passungen → | ← für Toleranzen gröberer Fertigungsverfahren →

Qualität	IT	1 bis 4	5	6	7	8	9	10	11	12	13	14	15	16	17	18
Größe der Toleranz		—	≈ 7i	10i	16i	25i	40i	64i	100i	160i	250i	400i	640i	1000i	1600i	2500i

Je kleiner bei einem Werkstück die zugelassenen Toleranzen sind, um so teurer ist die Herstellung; die kleinsten Toleranzen wird man nur bei Lehren und Meßwerkzeugen anwenden; für diesen Bereich gelten die Qualitäten 1 bis 4 (bis 7). Mit größer werdender Qualitätszahl nimmt demnach die Toleranz zu; so werden IT 12 bis IT 18 nur für Toleranzen gröberer Festigungsverfahren benutzt.

1.932 Paßsysteme. Die in den Bildern 58.01 und 58.02 gezeigte Welle trägt rechts eine festsitzende Scheibe (z. B. Zahnrad); auf der linken Seite läuft sie mit Spiel in einem Lager.

Zwei verschiedene Paßsysteme sind möglich. In Bild 58.01 sind die Bohrungen für die Scheibe und das Lager genau gleich groß; an der Laufstelle ist die Welle abgesetzt (kleiner). Die Bohrungen können mit gleichem Werkzeugdurchmesser hergestellt werden: Paßsystem der *Einheitsbohrung* (EB), $A_u = 0$, s. Bild 59.01. Der Charakter der Passung, Spiel im Lager und Preßpassung in der Scheibe wird also durch die Abmaße der Welle bestimmt.

* International Federation of the National Standardizing Associations. S. a. DIN 7150: ISA-Passungen (Einführung); 7182: Maßtoleranzen; 7153: Toleranzfelder der Innenmaße (Bohrungen) und der Außenmaße (Wellen); 7157 Bl. 1 u. 2: Passungsauswahl, allgemein; 7151: Grundtoleranzen.

In Bild 58.02 ist der Durchmesser der Welle durchweg gleichbleibend; die Bohrung im Lager ist größer als die in der Scheibe: Paßsystem der ***Einheitswelle*** (EW), $A_o = 0$, s. Bild 59.02. Der Charakter der Passung ist also hier durch die Abmaße der Bohrung gegeben.

Jedes dieser Paßsysteme hat hinsichtlich Fertigung und Zusammenbau Vor- und Nachteile, auf die hier nicht näher eingegangen werden soll; die Entscheidung, welches von beiden Systemen zu bevorzugen ist, hängt häufig von den Fertigungsverfahren und dem Kostenaufwand für die Meßwerkzeuge ab.

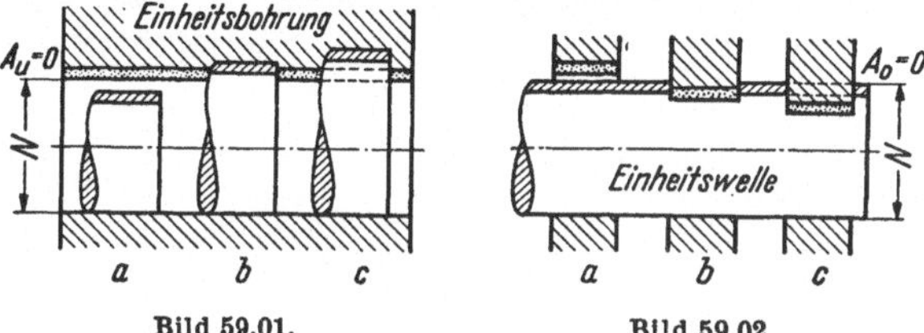

Bild 59.01. Bild 59.02.
a = Spielpassung; b = Übergangspassung; c = Preßpassung; N = Nennmaß; A_u = untere Abmaß; A_o = oberes Abmaß; Toleranzen stark übertrieben dargestellt. Bohrungstoleranzen gepunktet.

Beachte in Bild 58.02, Einheitswelle: Die Scheibe, die auf der Welle fest sitzen soll, kann nur von *rechts* auf die Welle aufgebracht werden, da sie sonst wegen des strammen Sitzes beim Überschieben (falls das überhaupt gelingt) über die linke Lauffläche der Welle deren Oberfläche beschädigen würde; die Welle muß also rechts von der Scheibe einen kleineren Durchmesser besitzen.

1.933 Passungs-Kurzzeichen. Die Kurzzeichen bestehen aus großen bzw. kleinen Buchstaben, denen eine Zahl angehängt wird. Die Bohrungsmaße (Innenmaße)

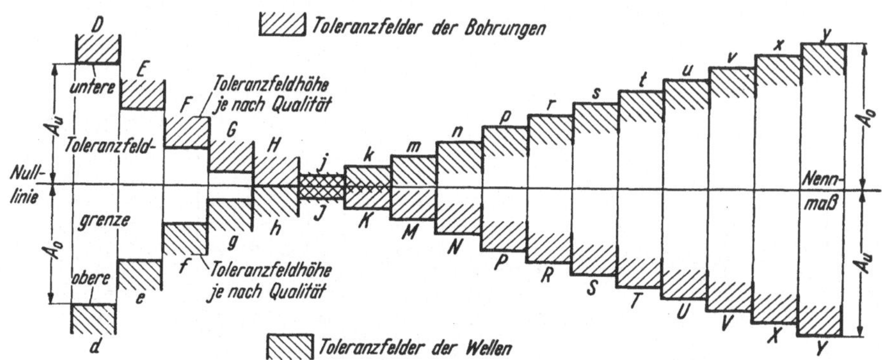

Bild 59.03. ISA-Passungen. Lage der gebräuchlichen Toleranzfelder.

erhalten große, die Wellenmaße (Außenmaße) kleine Buchstaben. Die schlecht lesbaren und leicht zu verwechselnden Buchstaben *I, i, L, l, O, o, Q, q* und *W, w* werden nicht verwendet. Durch die Buchstaben wird die *Lage* des Toleranzfeldes zur *Null-Linie* gekennzeichnet, wobei die Anfangs- und die Endbuchstaben des Alphabets die am weitesten von der Null-Linie entfernt liegenden Toleranzen angeben; für *H*, s. Bild 59.03. ist das untere Abmaß A_u der Bohrung gleich Null: Kennzeichen der Einheitsbohrung; für *h* ist das obere Abmaß A_o der Welle gleich Null: Kennzeichen der Einheitswelle. Für *J* und *j* liegen die Abmaße etwa symmetrisch zur Null-Linie; die Abmaße A_u und A_o sind etwa einander gleich und haben entgegengesetzte Vorzeichen (vgl. Freimaßtoleranzen S. 56).

Die hinter dem Buchstaben stehende Zahl (Qualitätszahl) gibt die *Größe* der *Toleranz* an.

Die Passungs-Kurzzeichen werden unmittelbar hinter die Maßzahl (bei Flachpassungen und, wenn das ∅-Zeichen bei Rundpassungen fehlt) und bei Rundpassungen unmittelbar hinter das ∅-Zeichen gesetzt. Die Kurzzeichen für Bohrungen, also die großen Buchstaben, stehen hoch, d. h. über den Maßlinien, die Kurzzeichen für Wellen, also die kleinen Buchstaben, unter den Maßlinien, vgl. Bild 64.01.

1.934 Passungsbildung. An sich gestattet das ISA-System eine *beliebige* Paarung von Bohrung und Welle gleicher oder verschiedener Qualitäten; das bedeutet weit-

DIN 7157 (Mai 1949) ISA - Passungen - Passungsauswahl

Nennabmaße in μ = 1/1000 mm

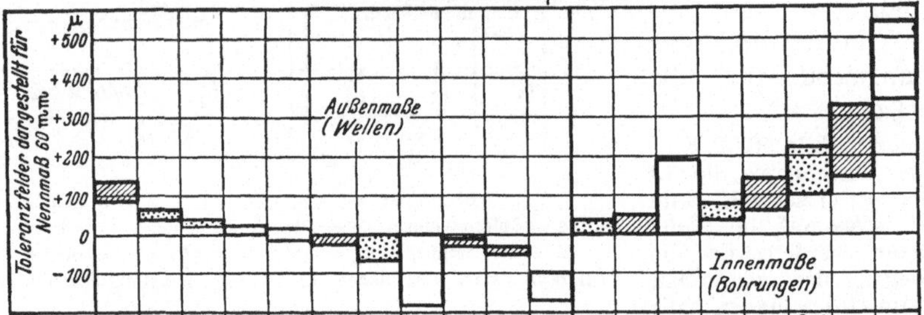

Kurzzeichen Reihe I		r6	n6				h9					H7			F8		D10		
Kurzzeichen Reihe II	x8/u8 [1]					h6				f7			H8			E9		C11	
Kurzzeichen Reihe III				k6	j6			h11	g6		d9			H11					A11
Nennmaßbereich über 1,6 bis 3	36 22	19 12	13 6	—	6 −1	0 −7	0 −25	0 −60	−3 −10	−7 −16	−20 −45	9 0	14 0	60 0	21 7	39 14	60 20	120 60	330 270
3…6 mm	46 28	23 15	16 8	—	7 −1	0 −8	0 −30	0 −75	−4 −12	−10 −22	−30 −60	12 0	18 0	75 0	28 10	50 20	78 30	145 70	345 270
6…10	56 34	28 19	19 10	10 1	7 −2	0 −9	0 −36	0 −90	−5 −14	−13 −28	−40 −76	15 0	22 0	90 0	35 13	61 25	98 40	170 80	370 280
10…14	67 40	34 23	23 12	12 1	8 −3	0 −11	0 −43	0 −110	−6 −17	−16 −34	−50 −93	18 0	27 0	110 0	43 16	75 32	120 50	205 95	400 290
14…18	72 45																		
18…24	87 54	41 28	28 15	15 2	9 −4	0 −13	0 −52	0 −130	−7 −20	−20 −41	−65 −117	21 0	33 0	130 0	53 20	92 40	149 65	240 110	430 300
24…30	81 48																		
30…40	99 60	50 34	33 17	18 2	11 −5	0 −16	0 −62	0 −160	−9 −25	−25 −50	−80 −142	25 0	39 0	160 0	64 25	112 50	180 80	280 120	470 310
40…50	109 70																	290 130	480 320
50…65	133 87	60 41	39 20	21 2	12 −7	0 −19	0 −74	0 −190	−10 −29	−30 −60	−100 −174	30 0	46 0	190 0	76 30	134 50	220 100	330 140	530 340
65…80	148 102	62 43																340 150	550 360
80…100	178 124	73 57	45 23	25 3	13 −9	0 −22	0 −87	0 −220	−12 −34	−36 −71	−120 −207	35 0	54 0	220 0	90 30	159 72	260 120	390 170	600 380
100…120	198 144	76 54																400 180	630 410
120…140	233 170	88 63	52 27	28 3	14 −11	0 −25	0 −100	0 −250	−14 −39	−43 −83	−145 −245	40 0	63 0	250 0	106 43	185 85	305 145	450 200	710 460
140…160	253 190	90 65																460 210	770 520
160…180	273 210	93 68																480 230	830 580

1) *Bis Nennmaß 24 x 8. Toleranzfeld u 8 ist erst über 24 mm Nennmaß festgelegt*

Bild 60.01.

gehende Kombinationsfreiheit, z. B. Spielpassung *F 9/f 9* oder *G 7/f 8* oder *H 8/f 7*; Übergangspassung *F 8/n 7*; Preßpassung *G 7/t 7*, vgl. Bild 59.03.

Diese Kombinationsmöglichkeiten sind jedoch wirtschaftlich untragbar, da sie eine Unzahl von Werkzeugen und Lehren verlangen. Deshalb hatte man sich ursprünglich in Anlehnung an die DIN-Passungen auf das System der EB und EW beschränkt, das wie in Abschn. 1.932 dargelegt für die Bohrungen nur *H* im EB und für die Wellen nur *h* im EW vorsieht. Auf Grund wirtschaftlicher Überlegungen und gestützt auf Erfahrungen in der Fertigung wurden dann eine *beschränkte* Auswahl von Passungen getroffen, die zu *Passungsfamilien* zusammengestellt wurden, s. DIN 7154 und 7155.

Die hiermit gemachten guten Erfahrungen gaben Veranlassung eine noch weitergehende Auswahl von Passungen zu treffen, die in DIN 7157 Blatt 1 und 2 (Mai 1949) enthalten ist, s. Bild 60.01 und 61.01. Die dort angegebenen Passungen dürften den allgemeinen Bedürfnissen weiter Industriezweige genügen und somit die Zahl der Werkzeuge, Vorrichtungen und Lehren auf ein Mindestmaß beschränken. Es sind 3 Vorzugsreihen vorgesehen; Reihe I ist der Reihe II und diese der Reihe III vorzuziehen.

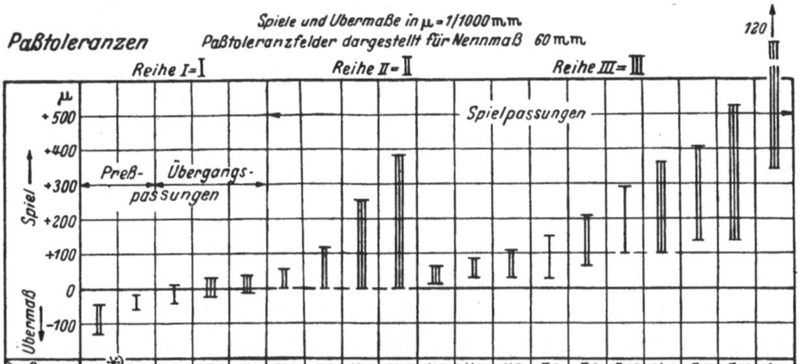

Paßtoleranzen

Spiele und Übermaße in μ = 1/1000 mm
Paßtoleranzfelder dargestellt für Nennmaß 60 mm

Reihe I = I   Reihe II = II   Reihe III = III

Spiel ↑ +500 μ, +400, +300, +200, +100, 0, −100 ↓ Übermaß

Preß- | Übergangs- | passungen | Spielpassungen

Passung → / Nennmaßbereich	H8/x8/u8 *)	H7/r6	H7/n6	H7/k6	H7/j6	H7/h6	H8/h9	H11/h9	H11/h11	H7/g6	H7/f7	H8/f7	F8/h9	E9/h9	D10/h9	H11/d9	C11/h9	C11/h11	A11/h11
über 1,6 bis 3	−8 −36	−3 −19	3 −13	–	10 −6	16 0	39 0	85 0	120 0	19 3	25 7	30 7	46 7	64 14	85 20	105 20	145 60	180 60	390 270
3···6 mm	−10 −46	−3 −23	4 −16	–	13 −7	20 0	48 0	105 0	150 0	24 4	34 10	40 10	58 10	80 20	108 30	135 30	175 70	220 70	420 270
6···10	−12 −56	−4 −28	5 −19	*14 −10	17 −7	24 0	58 0	126 0	180 0	29 5	43 13	50 13	71 13	97 25	134 40	166 40	206 80	260 80	460 280
10···14	−13 −67	−5 −34	6 −23	17 −12	21 −8	29 0	70 0	153 0	220 0	35 6	52 16	61 16	86 16	118 32	163 50	203 50	248 95	315 95	510 290
14···18	−18 −72																		
18···24	−21 −87	−7 −41	6 −28	19 −15	25 −9	34 0	85 0	182 0	260 0	41 7	62 20	74 20	105 20	144 40	201 65	247 65	292 110	370 110	560 300
24···30	−15 −81																		
30···40	−21 −99	−9 −50	8 −33	23 −18	30 −11	41 0	101 0	222 0	320 0	50 9	75 25	89 25	126 25	174 50	242 80	302 80	342 120	440 120	630 310
40···50	−31 −109																352 130	450 130	640 320
50···65	−41 −133	−11 −60	10 −39	28 −21	37 −12	49 0	120 0	264 0	380 0	59 10	90 30	106 30	150 30	208 60	294 100	364 100	404 140	520 140	720 340
65···80	−56 −148	−13 −62															414 150	530 150	740 300
80···100	−70 −178	−16 −73	12 −45	32 −25	44 −13	57 0	141 0	307 0	440 0	69 12	106 36	125 36	177 36	246 72	347 120	427 120	477 170	610 170	820 380
100···120	−90 −198	−19 −76															487 180	620 180	850 410
120···140	−107 −233	−23 −88															550 200	700 200	960 460
140···160	−127 −253	−25 −90	13 −52	37 −28	51 −14	65 0	163 0	350 0	500 0	79 14	123 43	146 43	206 43	285 85	405 145	495 145	560 210	710 210	1020 520
160···180	−147 −273	−28 −93															580 230	730 230	1080 580

*) Bis Nennmaß 24 mm $\frac{H8}{x8}$, über 24 mm Nennmaß $\frac{H8}{u8}$

Bild 61.01.

Falls diese Reihen nicht ausreichen, ist auf DIN 7154 und 7155 zurückzugreifen.

Für den Einbau von Wälzlagern ist DIN 7158 zu beachten.

Preßpassungen verlangen vielfach eine besondere Berechnung nach DIN 7190. Bei den in Bild 61.01 angegebenen Preßpassungen *H 8/x 8* bzw. *H 8/u 8* und *H 7/r 6* erübrigt sich meist eine Nachrechnung. Die Paarung wird durch Längsbewegung unter Kraftaufwand bei Raumtemperatur oder durch Schrumpfung bzw. Unterkühlung vorgenommen. Außer der elastischen Verformung tritt meist noch eine plastische auf; Preßpassungen können lösbar und wieder verwendbar sein, falls die Paßflächen sehr glatt sind und vor dem Zusammenfügen geölt werden.

1.935 Passungsauswahl.

Spielpassungen. Lagerstellen erfordern ein Spiel, dessen Größe durch Belastung, Werkstoff, Lagerlänge, Schmierung, Drehzahl und Betriebszustand gegeben ist. Formänderungen der Welle und des Gehäuses und die Wellenverlagerung müssen außerdem berücksichtigt werden. Bei großer Wärmeausdehnung eines Teiles oder Quellmöglichkeit ist das Spiel besonders sorgfältig festzulegen. Das anfängliche Einbauspiel vergrößert sich infolge Abnutzung im Betrieb; das hierbei zulässige Maß bestimmt die Lebensdauer.

Bei dünnwandigen Buchsen. die eingepreßt werden, wird das Spiel für den Wellenlauf kleiner; Leichtmetallbuchsen erfordern besondere Maßnahmen, desgleichen solche aus Kunstpreßstoffen.

Übergangs- und *Preßpassungen.* Die im Betrieb auftretenden Quer- und Längskräfte suchen den aufgebrachten Maschinenteil gegen die Haftkräfte in den Passungsflächen zu verschieben; die Haftung hängt von der Größe, Oberflächenbeschaffenheit der Flächen, den Werkstoffen und ihren besonderen Dehnungseigenschaften ab.

Qualitätsauswahl. Grundsatz: Vermeiden zu kleiner Toleranzen, um die Herstellkosten nicht unnötig zu erhöhen. Die Herstellmöglichkeit hängt in starkem Maß von der Art der Werkzeugmaschine und ihrem Zustand ab. Bei größeren Stückzahlen lassen sich feinere Qualitäten billig herstellen. Ist bei einer Konstruktion richtiger Sitz nicht wahrscheinlich oder ist die Anwendung feinerer Toleranzen aus Preisgründen nicht zu vertreten, dann muß die Ausführung geändert werden; Abhilfe können federnde, kraftschlüssige Verbindungen, geschlitzte Naben u. dgl. bringen.

Für die folgenden Beispiele wird die Passungsauswahl DIN 7157 benutzt. Bild 63.01 und 63.02, Welle *a* mit fester Nabe *b* einer Scheibe läuft in Lagerschale *c*; die Scheibe liegt *zwischen* zwei Lagern, deren rechtes dargestellt ist. Wellendurchmesser 60 mm.

Für die *Preßpassung* der Nabe ist *H 7/r 6* gewählt und für die *Spielpassung* in der Lagerschale *H 7/f 7.*

Für die Nabe *b* gilt

H 7: größte Bohrung	+30	ungünstigste Paarung:	kleinstes Übermaß 11 μ	Wahrscheinliches (mittleres) Übermaß $\approx$ 35 μ
r 6: kleinste Welle	+41			
H 7: kleinste Bohrung	0	ungünstigte Paarung:	größtes Übermaß 60 μ	
r6 : größte Welle	+60			

Die Bohrungen von Nabe und Schale sind gleich groß gewählt (*H 7*); es handelt sich also in diesem Fall um die Einheitsbohrung. Die Welle erhält bei *d* in Bild 63.01 einen (sehr kleinen) Absatz mit Schleifeinstich.

Die Preßpassung *H 7/r 6* ist absolut sicher; bei geringen Kräften könnte auch *H 7/n 6* genommen werden; jedoch ergäbe sich dann im ungünstigsten Fall — größte Bohrung mit kleinster Welle — ein Spiel von 11 μ. Die Passung *H 7/n 6* läßt sich mit geringerem Kraftaufwand fügen als *H 7/r 6*.

Für die Schale *c* gilt

H 7: größte Bohrung	+30	ungünstigste Paarung:	größtes Spiel 90 μ	Wahrscheinliches (mittleres) Spiel $\approx$ 60 μ
f 7 : kleinste Welle	−60			
H 7: kleinste Bohrung	0	ungünstigste Paarung:	kleinstes Spiel 30 μ	
f 7 : größte Welle	−30			

Aus dem wahrscheinlichen Spiel von $\approx 60\,\mu$ ergibt sich ein verhältnismäßiges Lagerspiel $\psi =$ Spiel: Nennmaß $\approx 60/1000 : 1/60 \approx 0{,}001$. Erscheint dies zu klein, dann kann nach Bild 61.01 z. B. für die Spielpassung *F 8/h 9* genommen werden. Man geht damit vom System EB ab und außerdem zu einer gröberen Qualität über; man verringert durch diese Qualitätswahl die Kosten, nimmt aber größere Spielschwankungen in Kauf. Die Abmaße bei 60 mm ∅ sind für *F 8* : $A_o = +76\,\mu$, $A_u = +30\,\mu$; für *h 9* : $A_o = 0$, $A_u = -74\,\mu$. Gemäß Bild 57.04 bzw. 63.03 ist das Größtspiel $S_g = 150\,\mu$ und das Kleinstspiel $S_k = 30\,\mu$; das wahrscheinliche, mittlere Spiel $S \approx 90\,\mu$.

Die Scheibe *b* liegt *rechts* vom Lager *c*, Bild 63.02; sie ist also *fliegend* angeordnet.

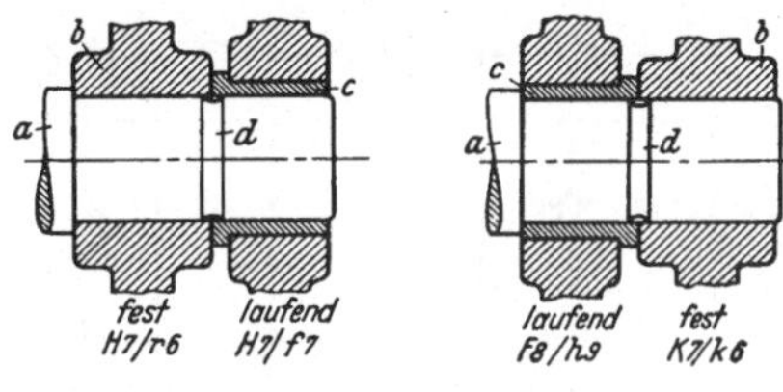

Bild 63.01. Bild 63.02.
Welle *a* mit fester Scheibe *b* läuft in Buchse *c*.

Hier können die Passungen nicht nach dem Einheitsbohrungs-System, ausgewählt werden, da die Welle am Nabensitz immer Übermaß haben muß und dann nicht durch die Buchse geschoben werden kann. Wollte man unbedingt EB nehmen, dann müßte die Welle im Nabensitz stark abgesetzt werden z. B. auf 58 mm (Normmaß).

Will man die Welle nicht absetzen, sondern nur mit einem Schleifeinstich *d* versehen, so ist gemäß Bild 63.02 Folgendes zu beachten: Man muß die Bohrung der Spielpassung so groß wählen, daß die dickere Welle der Preß- bzw. Übergangspassung unter allen Umständen durch die Buchse *c* gezogen werden kann; das ist nur möglich, wenn ein Toleranzfeld gewählt wird, daß wie z. B. *F* weiter nach + von der Null-Linie abliegt als *H*. Die Welle *k 6* geht bestimmt durch die Bohrung *F 8* (vgl. Bild 59.03 u. 63.02).

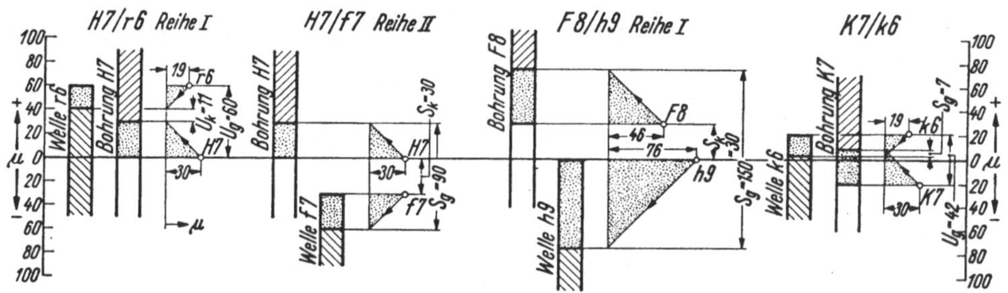

Bild 63.03. Paßtoleranzschaubild zu Bild 63.01 und zu Bild 63.02.

Für die Buchse *c* gilt

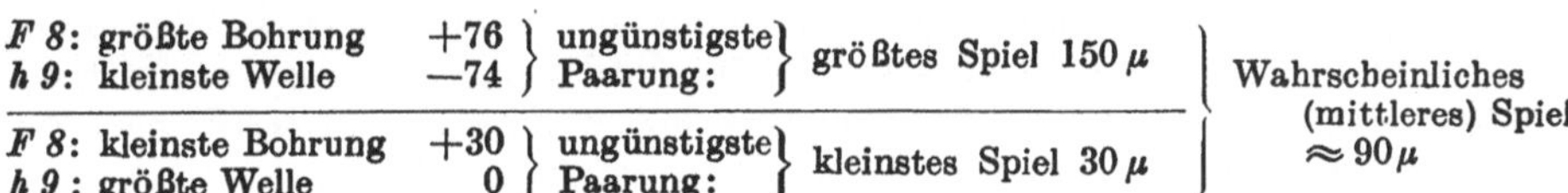

F 8: größte Bohrung *h 9*: kleinste Welle	+76 −74	ungünstigste Paarung:	größtes Spiel 150 μ	Wahrscheinliches (mittleres) Spiel ≈ 90 μ
F 8: kleinste Bohrung *h 9*: größte Welle	+30 0	ungünstigste Paarung:	kleinstes Spiel 30 μ	

Erscheint das Spiel zu groß, oder jedenfalls der Unterschied zwischen S_g und S_k, dann muß eine feinere Qualität (z. B. *F 7/h 6* oder *F 7/j 6*) genommen werden; *F 7* ist jedoch nicht in der Passungsauswahl DIN 7157, Bild 61.01, enthalten.

Die Passung *F 8/h 9* mit gröberer Qualität ist jedoch billiger herzustellen und es ist zu bedenken, daß bei *großer* Stückzahl eine größere Anzahl beliebig gepaarter Teile das gewünschte Spiel 90 μ haben wird, während eine sehr kleine Zahl nur 30 μ, aber auch 150 μ aufweisen wird.

Für die Nabe *b* gilt

K 7: größte Bohrung *k 6* : kleinste Welle	+ 9 + 2	ungünstigste Paarung:	größtes Spiel 7 μ	Wahrscheinliches (mittleres) Übermaß ≈ 18 μ
K 7: kleinste Bohrung *k 6* : größte Welle	−21 +21	ungünstigste Paarung:	größtes Übermaß 42 μ	

Will man in *jedem* Fall einen festen Sitz erzielen, so kann dies nur durch konstruktive Maßnahmen z. B. einen Keil erreicht werden; anderenfalls wird man sich durch *Sortieren* helfen, wodurch die ungünstigen Paarungen, die gerade noch Spiel ergeben könnten, ausgeschieden werden.

In Bild 63.03 sind die durch die vorstehenden Rechnungen ermittelten Übermaße und Spiele zeichnerisch dargestellt.

Bild 64.01 zeigt das Eintragen der Passungen in die Einzelteile nach Bild 63.01. Die Längenmaße 60 und 58 erhalten *Hinweisstriche* mit Punkten an ihren Enden; sie geben an, innerhalb welcher Längenbereiche die Passungen *60* $\varnothing_{r6}$ bzw. *60* $\varnothing_{f7}$ gelten sollen.

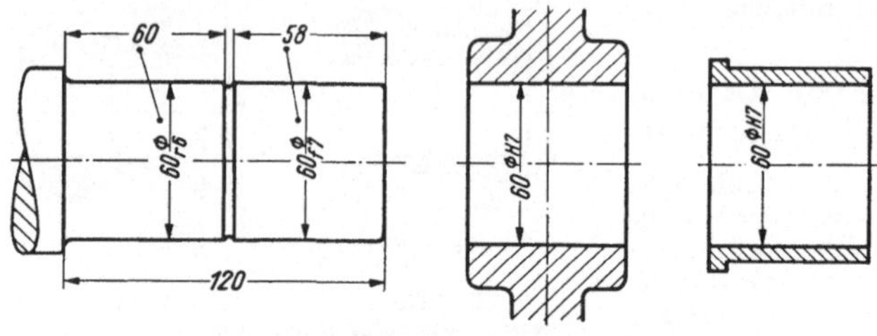

Bild 64.01. Einzelteile zu Bild 63.01.

In Bild 64.02 soll der Stein *a* in der T-Nut gleiten. Passungsauswahl nach DIN 7157 und zwar für das Breitenmaß 32 große Paßtoleranz *C 11/h 9*

$(+ 440\mu; + 120\mu)$,

für das Höhenmaß 8 die Paßtoleranz *H 11/h 9*

$(+ 126\mu; 0)$.

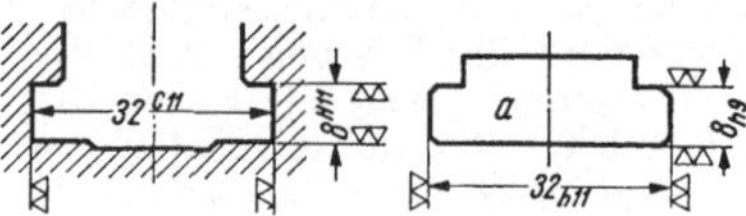

Bild 64.02. Stein *a* läuft in Nut.

Die Innenmaße haben große, hochgestellte Buchstaben, die Außenmaße kleine tiefgestellte.

2. Werkstattgerechte Zeichnungen.

2.1 Allgemeines.

Es wurde eingangs erwähnt, daß der Konstrukteur nicht eine Zeichnung, sondern ein *Werkstück* anzufertigen hat. Vom Standpunkt des Zeichners aus gesehen, steht die werkstattreife Konstruktionszeichnung am Ende seiner Arbeit. Der Konstrukteur muß sich aber über das Werkstück und dessen Bauaufgabe schon vor Beginn der Arbeit im klaren sein, nur dann wird er betriebsgerechte, werkstattgerechte und werkstoffgerechte Bauteile schaffen können. Natürlich lassen sich die genannten und viele andere Gesichtspunkte für die Formgebung nur im engsten Zusammenhang mit einer *bestimmten* Konstruktion, welche in einer *bestimmten* Werkstatt ausgeführt werden soll, erörtern.

Die folgenden Bilder zeigen dem Studenten und dem Jungingenieur *werkstattgerechte* Zeichnungen von Maschinenteilen aus verschiedenen Fachgebieten. Bei den Beispielen wird in der Regel von einer Beschreibung des Teiles abgesehen, denn es soll für beide ebenso wie in der Werkstatt *nur* die Zeichnung sprechen.

2.2 Beispiele.

Bild 64.03: *Spindel* eines Durchgangsventiles, Werkstoff Stahl.

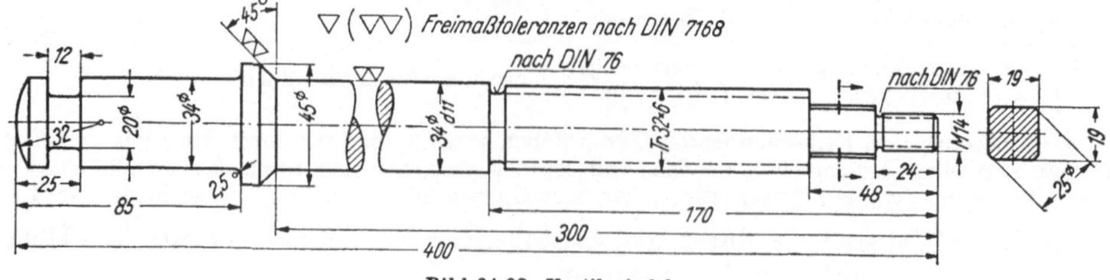

Bild 64.03. Ventilspindel.

Bild 65.01: *Eckventil*, Bauart Rich. Klinger, Berlin-Tempelhof, Werkstoff Stahlguß. Flansche aus Stahlguß müssen an der Stirnfläche und am Außendurchmesser bearbeitet werden, weil an sie der Einguß und der verlorene Kopf gesetzt wird (s. a. unter Stahlguß, S. 91).

Bild 66.01: *Kolben* eines Dieselmotors, Werkstoff Sondergrauguß. Die Bohrung 115 ⌀ *H 8* (s. Draufsicht) ist Zentrierdurchmesser für die Fertigung.

Bild 67.01: *Schaufelrad* einer Kühlwasserpumpe, die nach dem Prinzip der Zentrifugalpumpen gebaut ist, Werkstoff G Ms 67.

Das Schaufelrad läuft in einem Gehäuse, das zylindrisch (90 ⌀, 30 hoch) und anschließend kegelig (Winkel an der Spitze 120°, Stumpfhöhe 9) ausgedreht ist. Die 6 Schaufeln verlaufen tangential zu einem Kreis von 12 mm Dmr. (in der Hauptansicht des Bildes 67.01 für zwei Schaufeln angedeutet). Durch das kegelige Abdrehen der Schaufeln krümmen sich die Schaufelkanten schwach hyperbolisch. Da sich sämtliche Schaufeln in der Seitenansicht mehr oder minder stark in der Verkürzung zeigen, können die Maße für den Kegel nur in eine Ansicht eingeschrieben werden, deren Blickrichtung *A* senkrecht zur Richtung *a–S–b* in der Hauptansicht liegt.

Bild 67.02: *Obere Lagerschale*, Bild 68.01: *Untere Lagerschale* und Bild 68.01: *Lagerschaleneinsatz* zur unteren Lagerschale gehören zu einem *Wandarmlager* mit Kugelbewegung, doppelter Ringschmierung und sichtbarem Ölumlauf; Hersteller Heinrich Desch, Neheim-Hüsten. Werkstoff für sämtliche Teile Grauguß.

Bei den meisten dieser Lagerkonstruktionen besteht die untere Lagerung aus *einem* Gußstück. Der für die Schmierung notwendige Ölraum kann hierbei beim Gießen nur durch mehrere Kerne geschaffen werden. Desch bildet die untere Lagerstelle zweiteilig aus, sie besteht aus der unteren Lagerschale (Bild 68.01) und dem Lagerschaleneinsatz (Bild 68.02). Beide sind so gestaltet, daß sie ohne Kern gegossen werden können. Der Lagerschaleneinsatz wird in der unteren Lagerschale durch keilförmige Paßflächen gehalten, die in Bild 68.01 und 68.02 durch Diagonalkreuze kenntlich gemacht sind. Die Paßflächen werden maßhaltig gegossen, gegebenenfalls ist der Lagerschaleneinsatz mit ein paar Feilstrichen in die untere Lagerschale einzupassen. Unter Verwendung einer Vorrichtung wird in beide Teile gemeinsam die Zentrierung (68 *H* 8) eingefräst oder eingestoßen. Nachdem die obere Lagerschale die zugehörige Zentrierung (68 *h* 8 in Bild 67.02) erhalten hat, werden die drei Teile gemeinsam ausgedreht (unter Benutzung einer entsprechenden Vorrichtung).

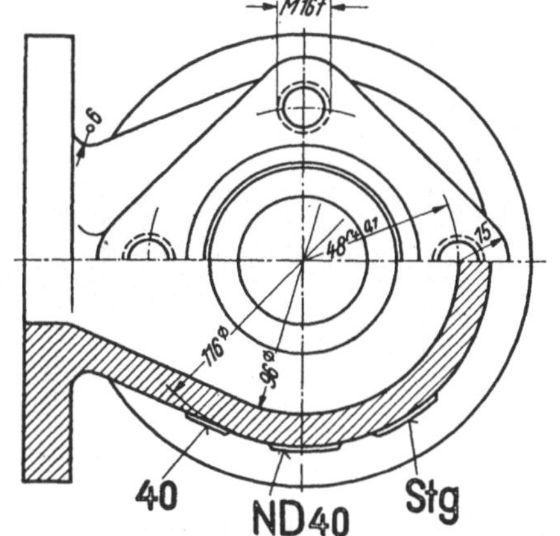

Bild 65.01. Eckventil, Bauart Richard Klinger, Berlin-Tempelhof.

Bild 68.03 zeigt einen Querschnitt des Lagers an der Stelle, wo der Schmierring läuft.

Ein Beispiel für die Sondermaße des bearbeiteten Kegels ist das *Küken* eines Dreiwegehahnes NW 50 nach Bild 69.01, Werkstoff GMs 67.

Bild 69.02: *Kappe mit Schraubverschluß*, der nach Art der Schlauchkupplungen gestaltet ist, Werkstoff UD-Al-Si-Cu (Druckgußlegierung nach DIN 1725, frühere Bezeichnung Sp G Al-Si-Cu).

Die in die Zeichnung eingeschriebenen Passungen gelten nur für die Druckgußform.

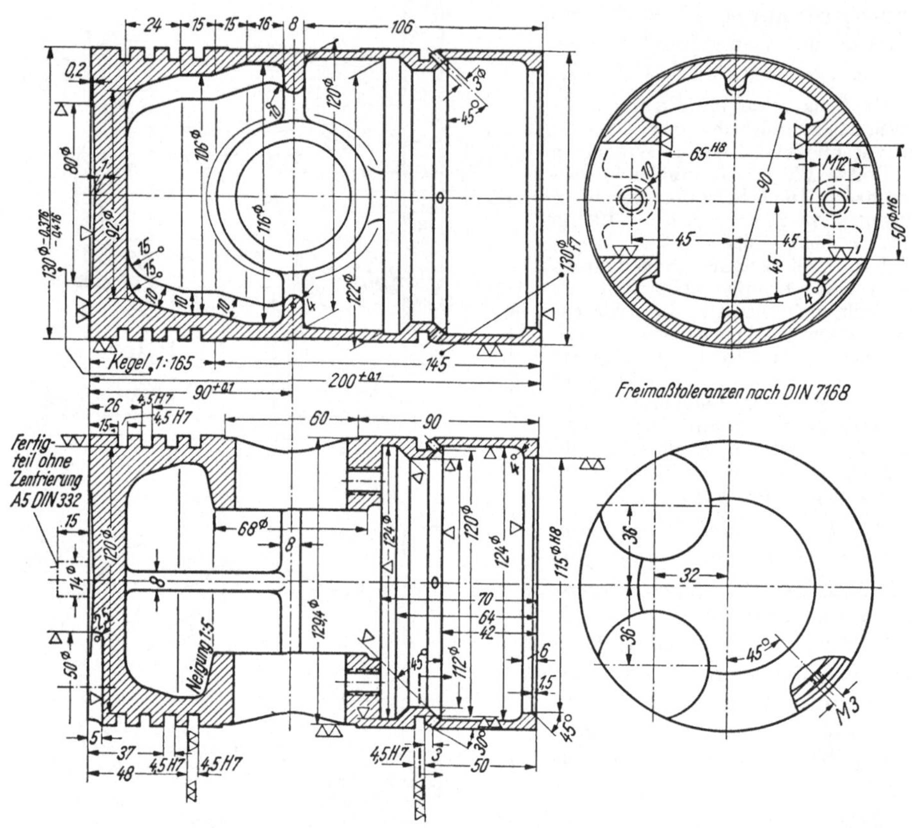

Bild 66.01. Kolben eines Dieselmotors.

Bild 69.03: *Schaltmesserhalter* für Hebelschalter, Werkstoff Stahlblech.

Bei Blechabwicklungen berücksichtigt man die Blechdicke dadurch, daß man mit der Länge der neutralen Faser (= mittlere Länge) rechnet.

Eine sehr interessante Konstruktion ist die *Hirth-Rollenlager-Kurbelwelle*, Bild 70.01, 71.01 u. 71.02, bei der weitgehend von der Baukastenmethode Gebrauch gemacht ist. Hersteller Albert Hirth, A.G., Stuttgart-Zuffenhausen.

Die Konstruktion ermöglicht, gekröpfte Kurbelwellen für beliebig viele Schubstangen (Pleuel) aus den gleichen Bauelementen zusammenzusetzen. Jede Kurbel besteht aus zwei gleichen Kurbelschenkeln, dem Innenlaufring und dem Gewindebolzen mit Differentialgewinde, wie das untere Bild auf S. 71 zeigt. Kurbelschenkel und Innenlaufring (Kurbelzapfen) sind mit einer radial und kegelig angeordneten, genau zentrierenden Verzahnung — der *Hirth-Verzahnung* — versehen. Der Gewindebolzen mit Differentialgewinden, welche im gleichem Steigungssinne geschnitten sind, preßt beide Teile fest zusammen. Je kleiner der Steigungsunterschied ist,

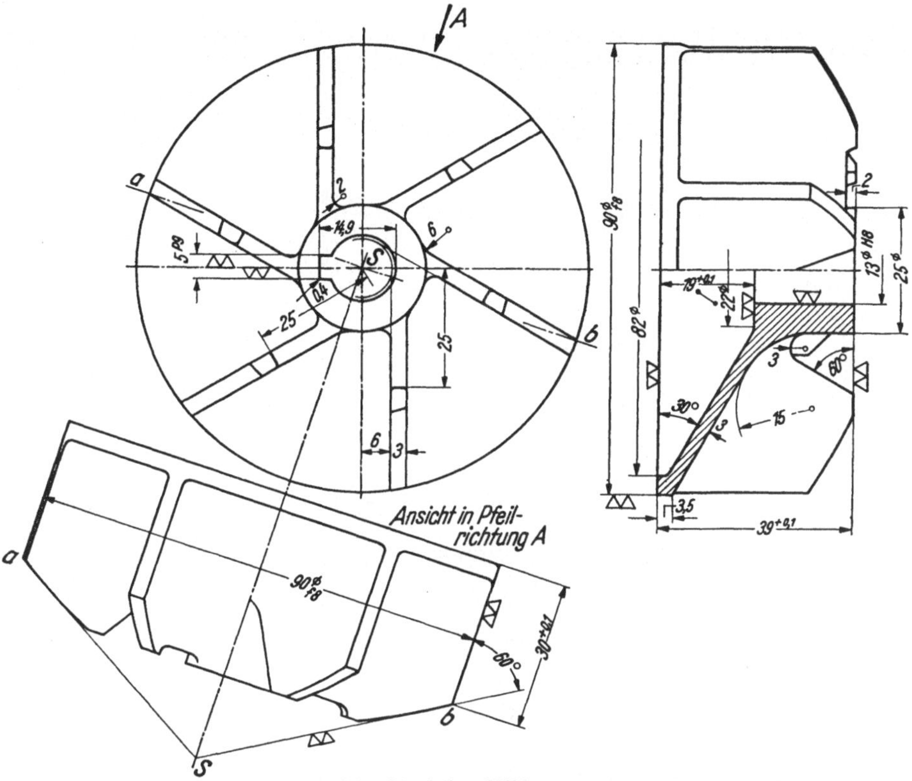

Bild 67.01. Schaufelrad einer Kühlwasserpumpe.

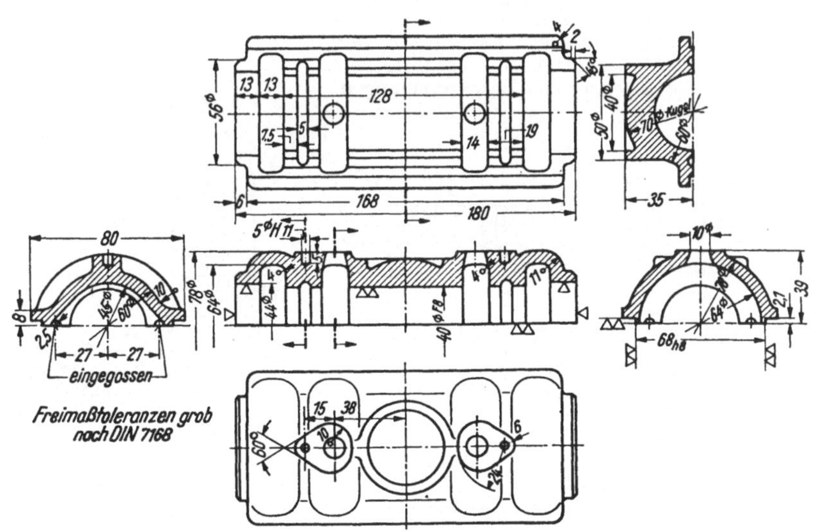

Bild 67.02. Obere Lagerschale eines Wandarmlagers für Transmissionen.

desto größer wird die Verspannungswirkung; er beträgt im allgemeinen 0,5 mm. Die Erfahrung hat ergeben, daß sich beim Lauf der Kurbelwelle die Verbindung fester zieht; eine Sicherung ist daher überflüssig.

Der Werkstoff für den gehärteten Innenlaufring ist Einsatzstahl, für den ungehärteten Schenkel und Gewindebolzen Vergütungsstahl, Festigkeitseigenschaften je nach Belastung.

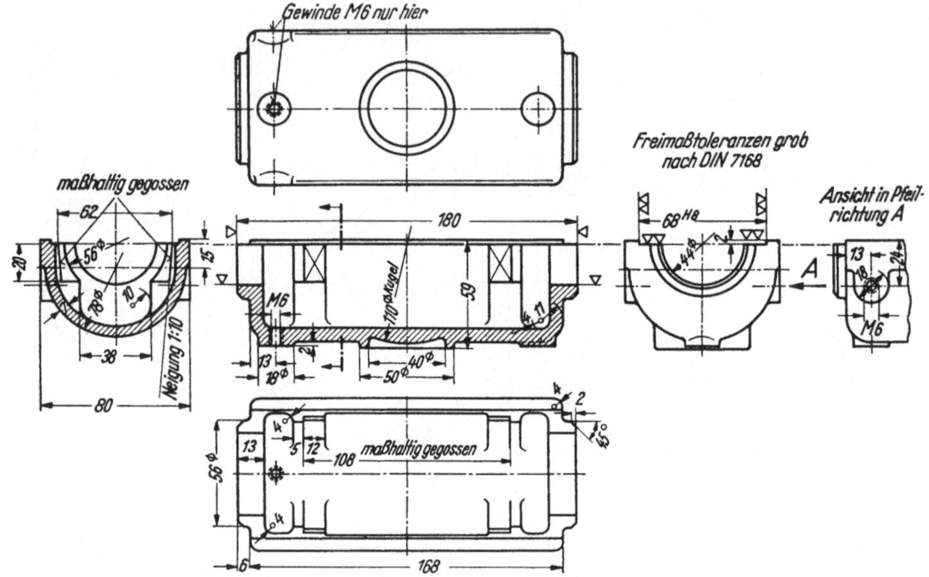

Bild 68.01. Untere Lagerschale eines Wandarmlagers für Transmissionen.

Man hat schon zeitig versucht, die Gleitlager bei gekröpften ungeteilten Kurbeln durch Wälzlager zu ersetzen, eine befriedigende Lösung wurde jedoch nicht gefunden. Die ungeteilten Wälzlager müssen unverhältnismäßig groß gewählt werden, damit sie beim Zusammenbau über die Kurbelschenkel gestreift werden können. Es ergaben sich zwangsläufig sperrige Abmessungen oder bei ihrer Verminderung erhebliche mechanische Beanspruchungen.

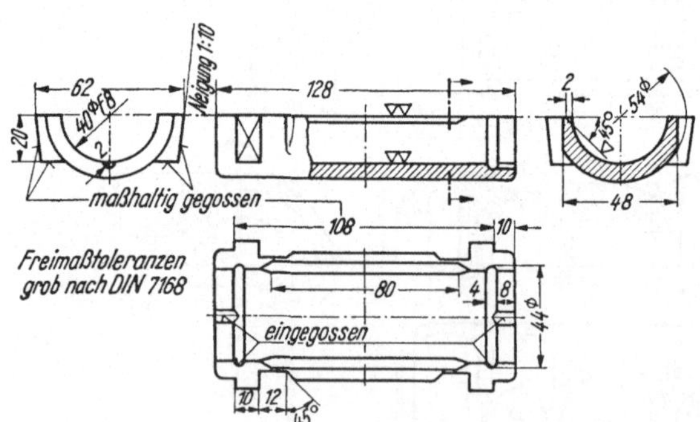

Bild 68.02.
Lagerschaleneinsatz zur unteren Lagerschale.

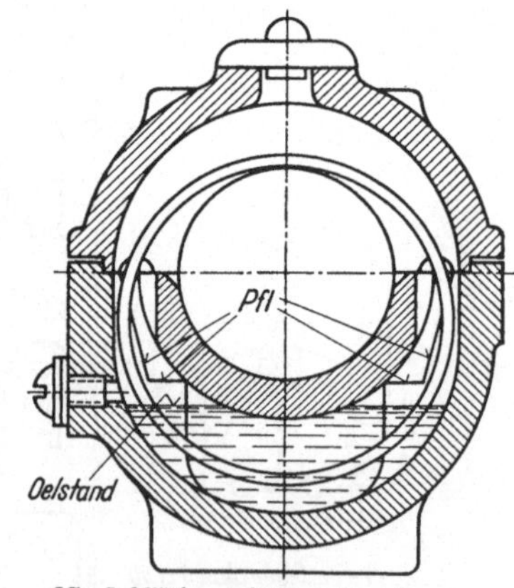

Bild 68.03.
Querschnitt des Lagers an der Schmierstelle.

Die Vorteile des Wälzlagers wurden erst ausgenutzt, als Dr.-Ing. HIRTH in Verbindung der nach ihm benannten Stirnverzahnung die geteilte Kurbelwelle schuf.

Der gehärtete Innenlaufring tritt an die Stelle des Rollenlagerinnenringes, so daß sich ein als sonst kleinerer Außendurchmesser des Wälzlagers und damit kleinere Abmessungen der Schubstangen ergeben. Der Käfig der Rollen ist aus Leichtmetall.

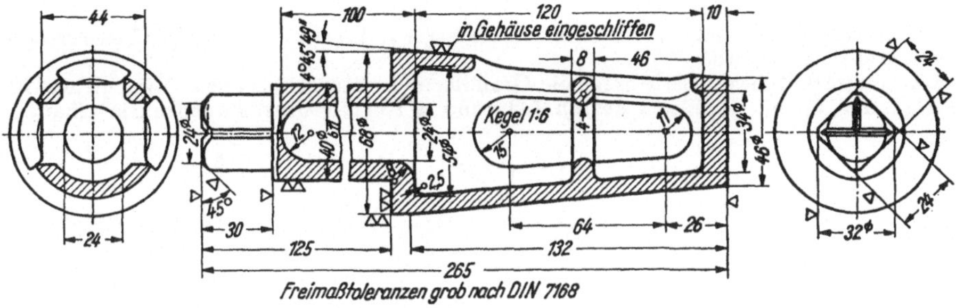

in Gehäuse eingeschliffen
Kegel 1:6
Freimaßtoleranzen grob nach DIN 7168

Bild 69.01. Küken eines Dreiwegehahnes.

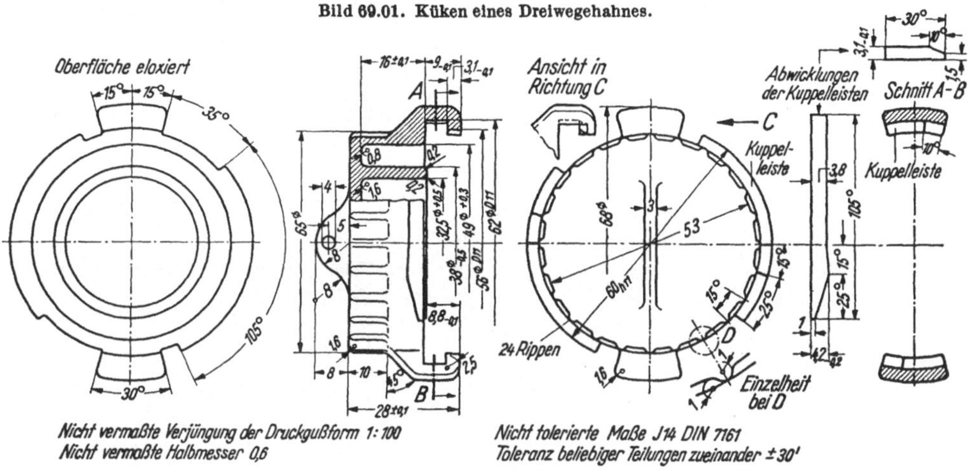

Oberfläche eloxiert
Ansicht in Richtung C
Abwicklungen der Kuppelleisten
Schnitt A-B
Kuppelleiste
24 Rippen
Einzelheit bei D
Nicht vermaßte Verjüngung der Druckgußform 1:100
Nicht vermaßte Halbmesser 0,6
Nicht tolerierte Maße J14 DIN 7161
Toleranz beliebiger Teilungen zueinander ±30'

Bild 69.02. Kappe mit Schraubverschluß.

Löcher gebohrt
Einzelheit bei A
Abwicklung

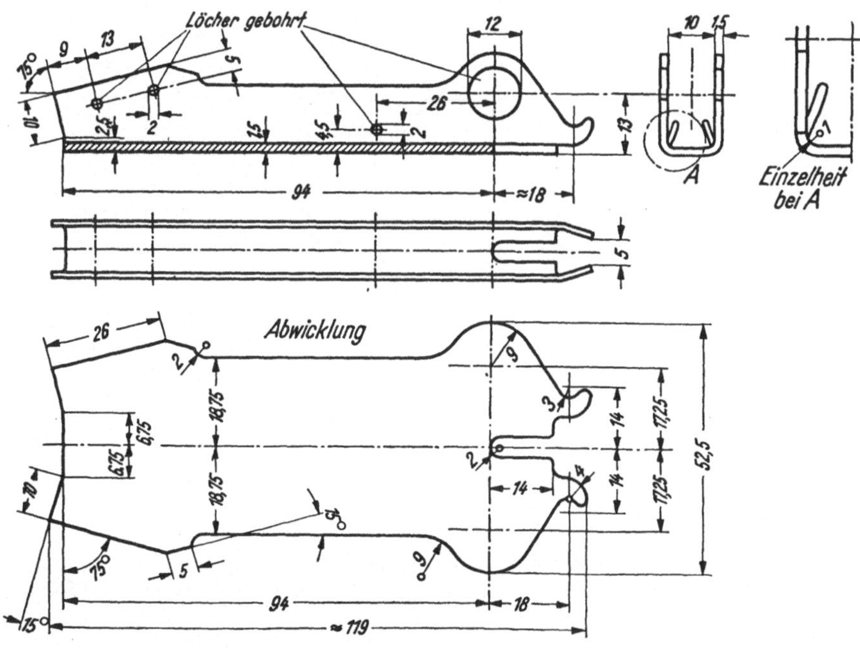

Bild 69.03. Schaltmesserhalter für Hebelschalter.

Der Kurbelschenkel ist ein einfaches Schmiedestück, das mit dem richtigen Faserverlauf im Gesenk geschmiedet wird.

Das untere Bild dieser Seite zeigt die Grundform des Kurbelschenkels. Zwei gleiche Kegel (Kegel 1 und 2) mit parallelen Achsen (Abstand = Kurbelradius) durchdringen einander in

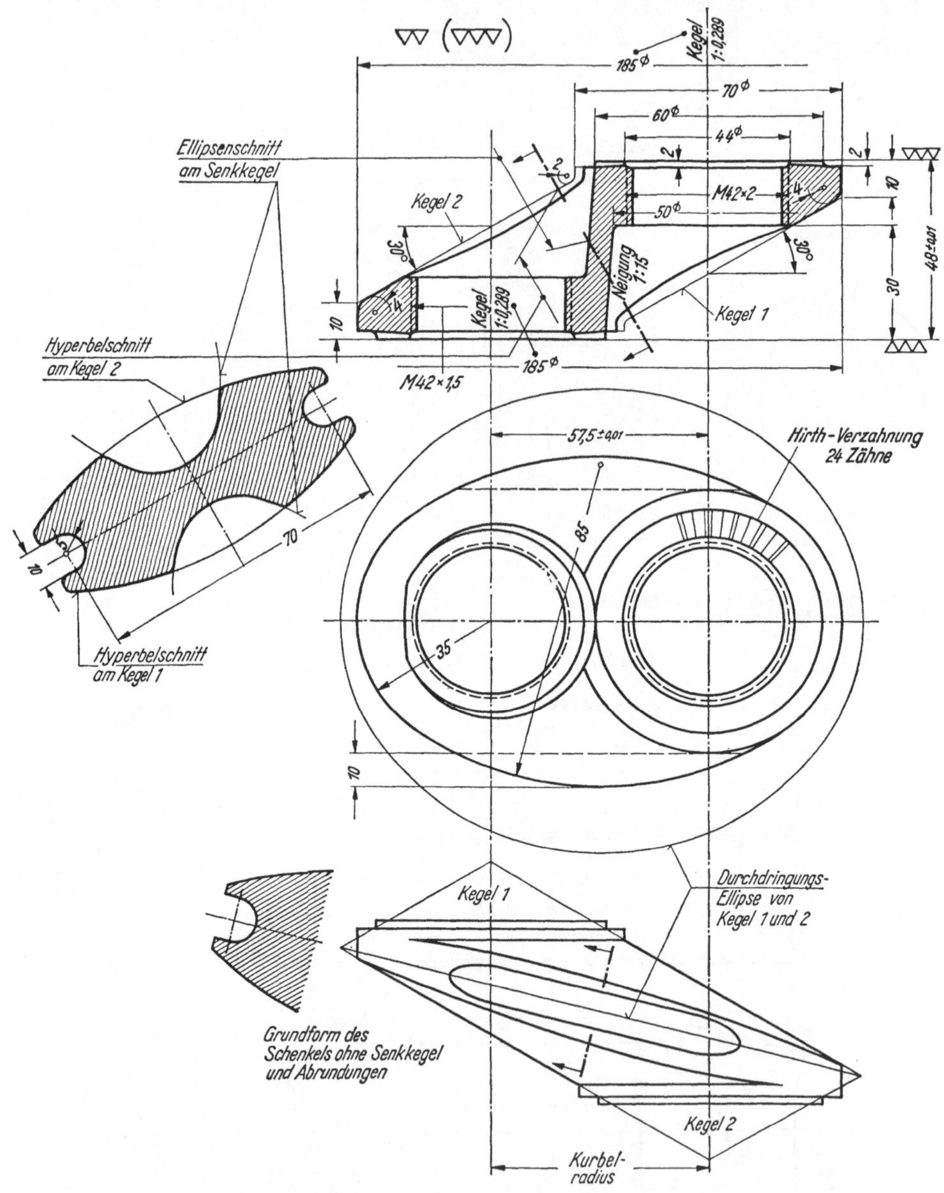

Bild 70.01. Hirth-Rollenlager-Kurbelwelle.

einer Ellipse, die sich einmal mit dieser Kurve im mittleren Bild und zweitens als gerade Linie in der Grundform zeigt. Zwei ineinander übergehende Kreisbogen (35 und 85) bilden in der Schenkeldraufsicht den Umriß des Schenkels. Der hierdurch entstehende ovale Zylinder verschneidet sich mit den beiden Kegeln in Durchdringungskurven, deren Form aus dem Bild der Grundform ersichtlich ist. Im rechten Ansichtsbild, S. 71, sind diese Kurven nur dünn angedeutet, weil der ovale Zylinder und die beiden Kegel durch einen Halbmesser 4 verrundet sind (s. Hauptansicht auf S. 70).

Den Umriß des Schenkelquerschnittes bilden Hyperbelbogen (von Kegel 1 und 2 herrührend), Ellipsenbogen (von den Senkkegeln herrührend) und kurze Mantellinienstücke des ovalen Zylinders (s. auch Querschnitt bei der Grundform). Zur Gewichtsverminderung erhält der Schenkel zwei eingefräste im Grunde halbkreisförmig gerundete Nuten, für welche die als gerade Linie erscheinende Durchdringungskurve der beiden Kegel (s. Grundform) die Mitte ist.

Freimaßtoleranzen mittel nach DIN 7168. Alle durch die Bearbeitung entstehenden scharfen Kanten sind mit 1,5 mm Halbmesser abzurunden

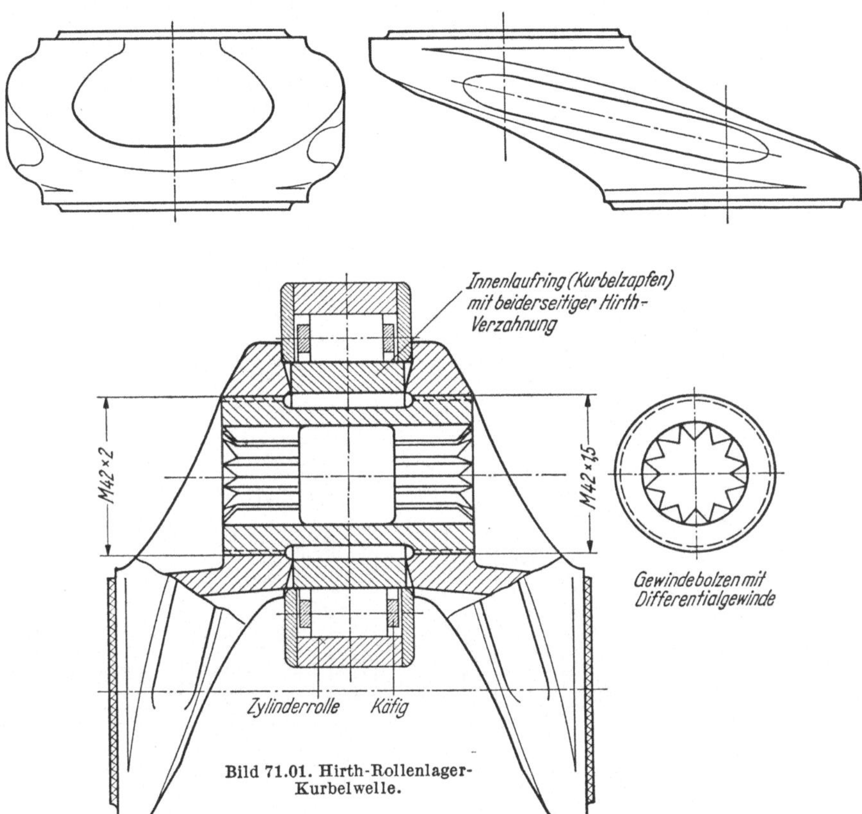

Bild 71.01. Hirth-Rollenlager-Kurbelwelle.

Bild 72.01: *Steckerbüchse*, Werkstoff Rundmessing gezogen nach DIN 1756.

Als Buchse bezeichnet man ein rundes Werkstück mit einer der Länge nach durchgehenden Bohrung, z. B. Lagerbuchsen. Reicht die Bohrung nur bis zu einer gewissen Tiefe, ist also ein Boden vorhanden, so spricht man von einer Büchse.

Bild 72.02: *Steckerbüchsenhalter* für einen dreipoligen Kraftstecker, Werkstoff Steatit.

Wie aus der Werkzeichnung eines *Kegelrades* mit Geradzähnen,

Bild 71.02. Wange der Hirth-Rollenlager-Kurbelwelle.

Bild 73.01, ersichtlich, werden außer den zu Bild 34.02 genannten Angaben noch eine Reihe weiterer Maße eingeschrieben.

Es sind diese: Teilkegelwinkel δ_2 mit 30°23′6″, Kopfwinkel K mit 3°45′55″, Fußwinkel F mit 4°41′52″, mittlerer Dmr. mit 250 ∅, Kopfkegelwinkel δ_{K_1} mit 63°31′49″, Kopfaußendmr. d_{Ka_1} mit 147,96 ∅, Breitenprojektion b_1 mit 27,63, Zahnkopfhöhe h_K mit 10 (= m) und Zahnfußhöhe h_F mit 12 (= 1,1 bis 1,3 × m). Die vorstehenden Werte sind genau an Hand der bekannten Taschenbücher oder Werksnormen zu berechnen.

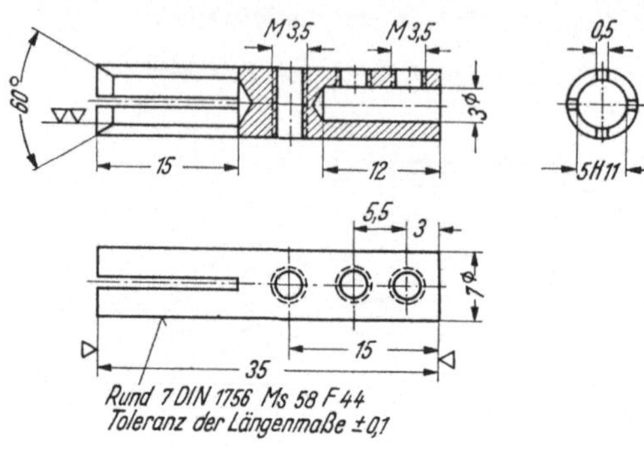

Bild 72.01. Steckerbüchse für einen Kraftstecker.

Als Werkstoff wird man hochwertigen Grauguß wählen.

Bild 74.01: *Einheits-Schubstange*, Werkstoff Schmiedestahl von 42 kg/mm² Festigkeit und Bild 75.01: *Gesenkzeichnung* dazu. Ein Vergleich der beiden Bilder besagt, daß die Maße für das Gesenk um das der Schmiedetemperatur ent-

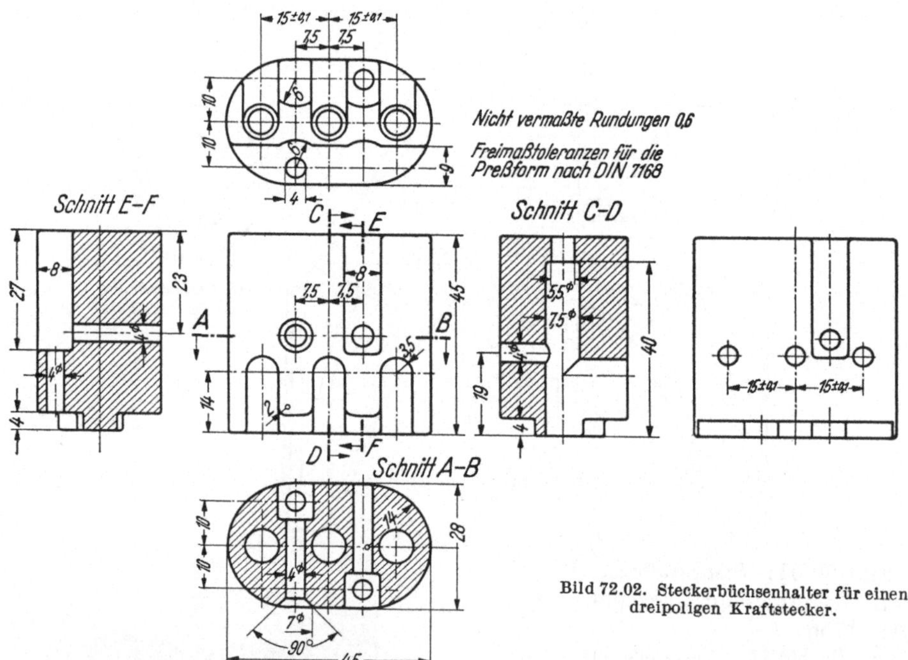

Bild 72.02. Steckerbüchsenhalter für einen dreipoligen Kraftstecker.

sprechende Schwindemaß und um die Bearbeitungszugabe größer gehalten sind.

Bild 76.01: *Schubstange*, 500 lang, P_{max} = 6300 kg zur SDZ 200 (Typenbezeichnung für: Stehende Zwillings-Dampfmaschine, Hub 200 mm), Werkstoff Schmiedestahl, Festigkeit von 50 kg/mm².

Die dargestellte Schubstange ist ein typisches Beispiel für ein Freiformschmiedestück. Der Hammerschmied erhält neben der Werkzeichnung der Schubstange für ihren Umriß eine Blechschablone nach Bild 77.01. Die Dickenmaße für die Zentrierzapfen mit 40∅, für die eigentliche Stange mit 58 ∅ und für die Breite der beiden Köpfe mit 68 mißt er mit dem Taster oder mit einer weiteren Blechschablone.

Bild 77.02: *Geschweißter HD-Kolbenschieber* 120 ⌀ (HD = Hochdruck).

Der Schweißerei werden, nach besonderen Zeichnungen vorgearbeitet, angeliefert: 1 Schiebermuschel Teil 5, 2 Schieberköpfe Teil 6, 1 Rohrstück Teil 7, 5 Rippen Teil 8, 1 Nabe Teil 9 und 3 Rippen Teil 10. Das Zusammenschweißen

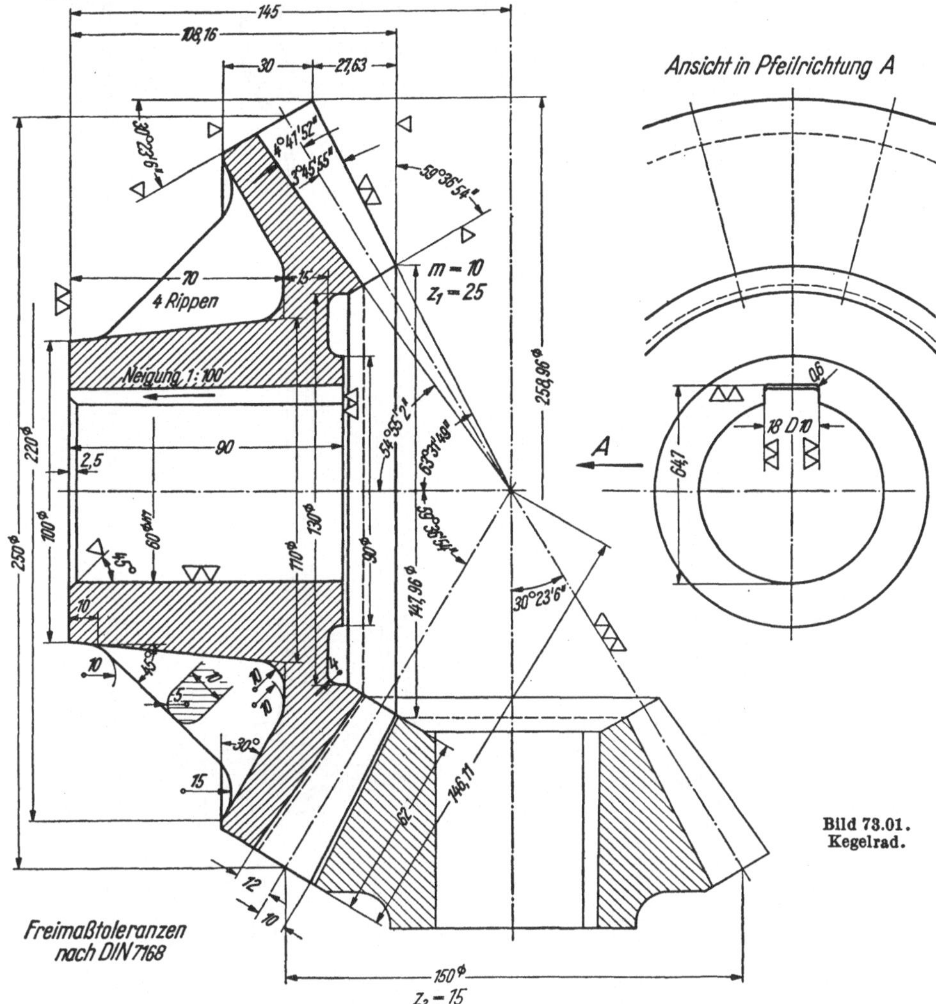

Bild 73.01. Kegelrad.

der Einzelteile zum Kolbenschieber erfolgt nach der folgenden auf der Zeichnung stehenden Anweisung:

Auf Rohrstück Teil 7 die 5 Rippen Teil 8, gleichmäßig am Umfang verteilt, schweißen. Einen Schieberkopf Teil 6 mit Rohrstück Teil 7 verschweißen. Schiebermuschel Teil 5 über Rohrstück Teil 7 streifen und so weit wie möglich nach links verschieben, nun an Rohrstück Teil 7 den zweiten Schieberkopf Teil 6 schweißen. Schiebermuschel Teil 5 nach rechts verschieben (Abstand 73 von Außenkante) und mit den 5 Rippen durch Lochverschweißung verbinden (s. Draufsicht auf Teil 5 in Bild 77.02). Auf Nabe Teil 9 die 3 Rippen Teil 10 schweißen und in den zweiten Schieberkopf Teil 6 einschweißen. Nach dem Schweißen ist der Schieber spannungsfrei zu glühen.

Fertigbearbeitet wird der Schieber nach einer besonderen Zeichnung.

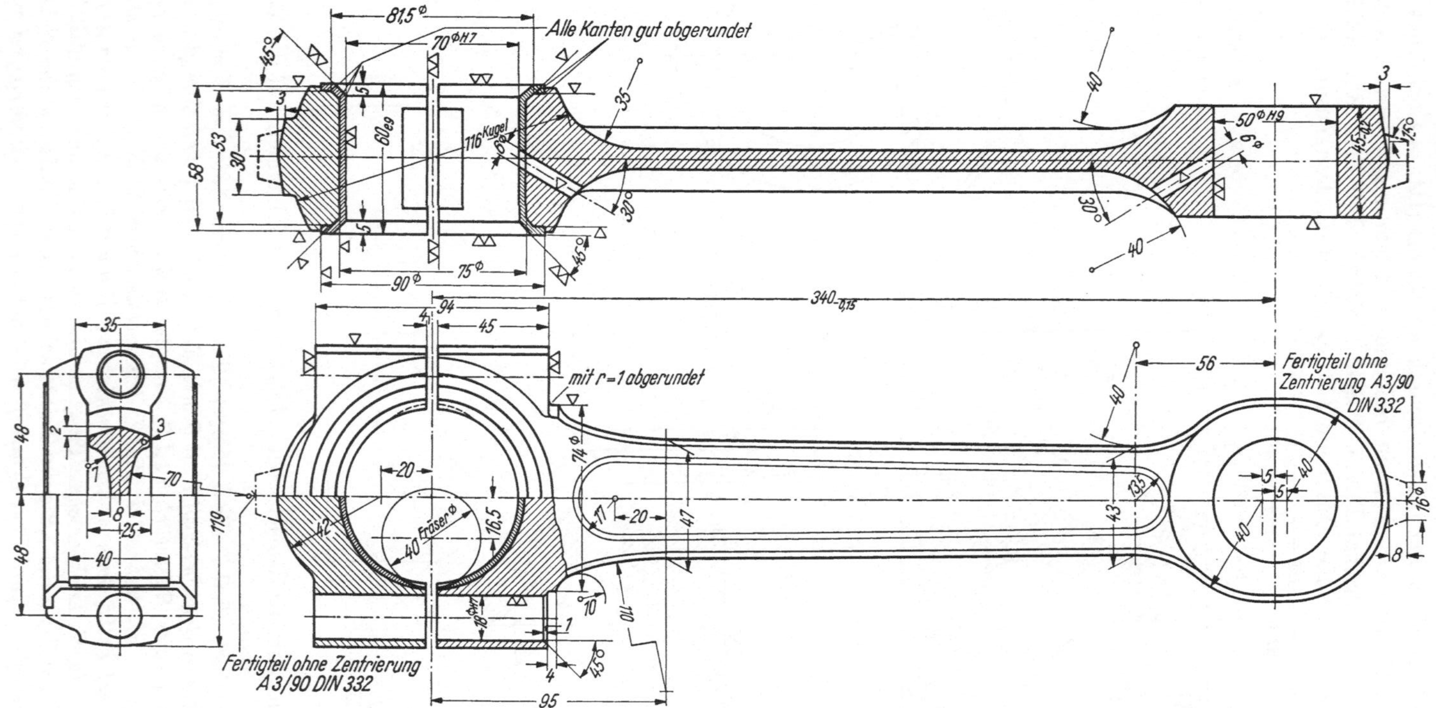

Bild 74.01. Einheitsschubstange. Die Zeichnungen zu Bild 74.01, 75.01, 76.01, 77.01 u. 77.02 wurden von der Fa. Borsig, A.-G., Berlin-Tegel zur Verfügung gestellt.

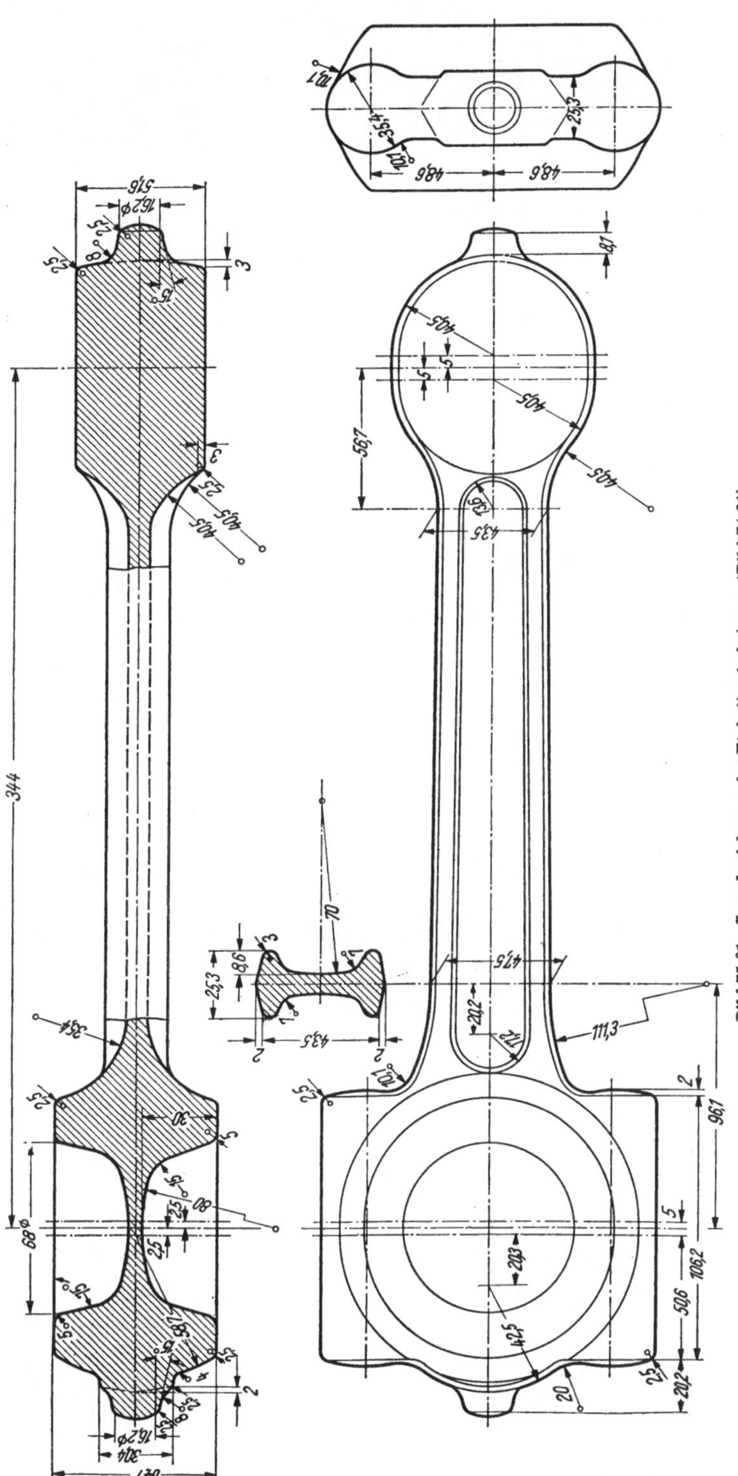

Bild 75.01. Gesenkzeichnung der Einheitsschubstange (Bild 74.01).

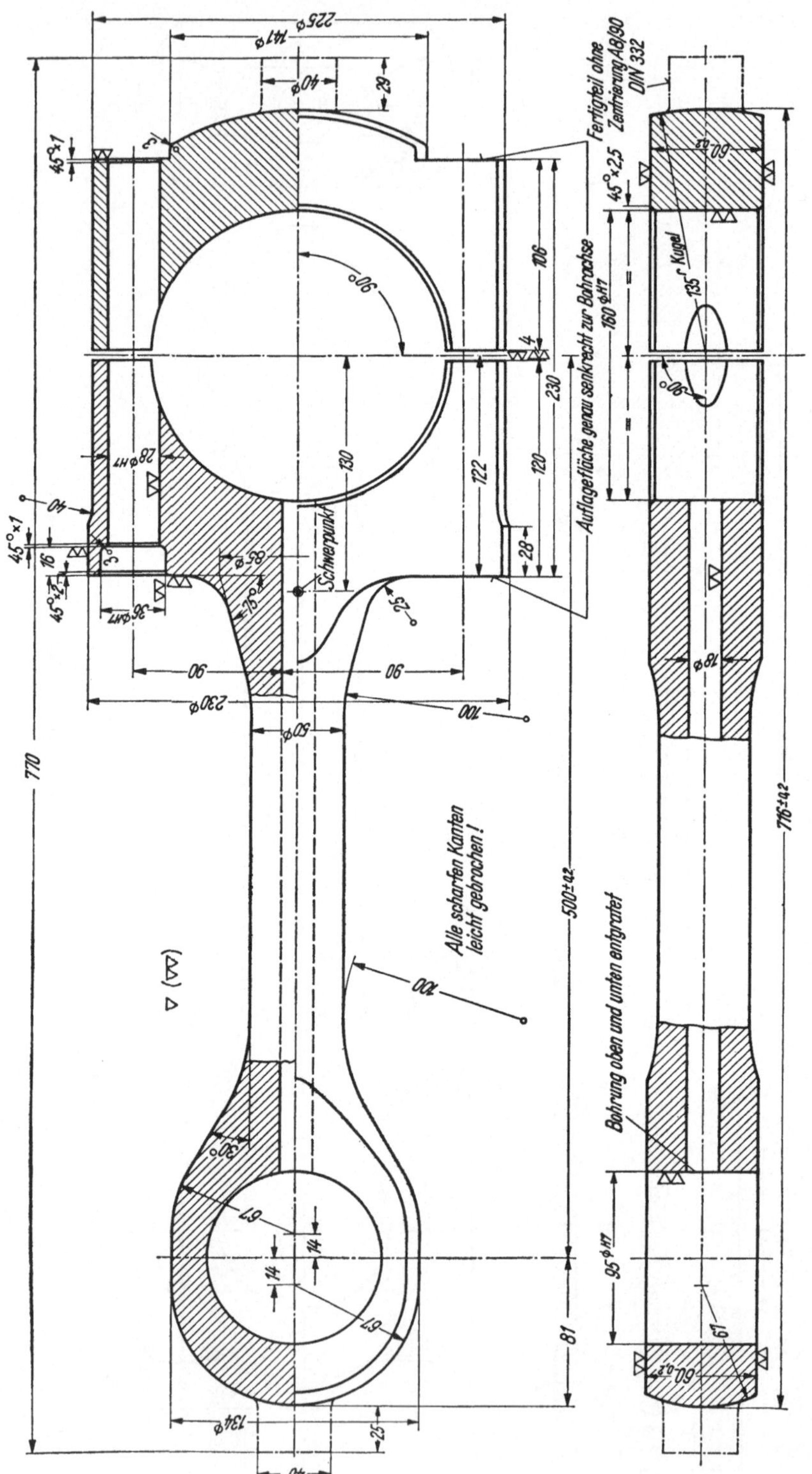

Bild 76.01. Schubstange.

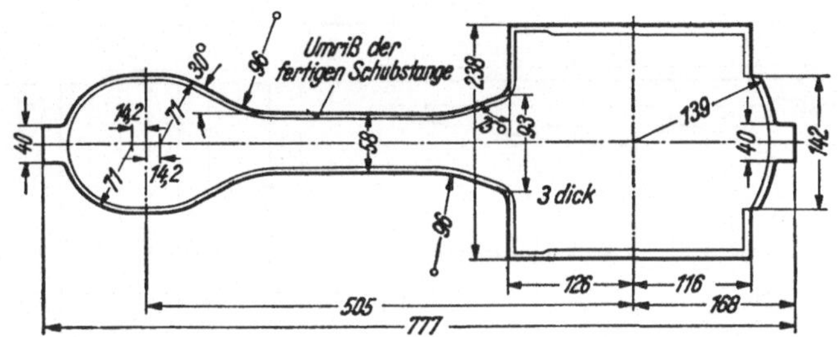

Bild 77.01. Schablone für die Freiformschmiede der Schubstange nach Bild 76.01.

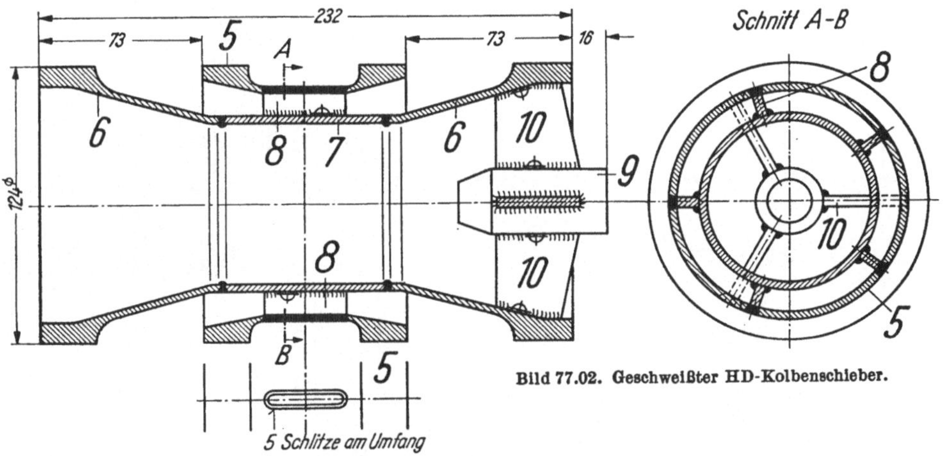

Bild 77.02. Geschweißter HD-Kolbenschieber.

2.3 Zeichnungssysteme[1].

Der Aufbau des Zeichnungswesens eines Werkes hängt von den hergestellten Maschinen und Geräten und von der Größe des Betriebes ab. Es sind verschiedene Systeme üblich, von denen die meist gebräuchlichen nachstehend kurz behandelt werden.

2.31 Sammelblattsystem.

Hierzu Bild 78.01: *Spannrolle* einer Riemenspannrolle.

Auf einem entsprechend großen Blatt werden die Übersichtzeichnung und sämtliche Einzelteildarstellungen untergebracht („gesammelt"). Verwendete Normteile werden nur in der Übersichtzeichnung gezeichnet, erscheinen aber in der Stückliste. Über oder neben die Stückliste wird die Übersichtzeichnung gesetzt.

In die Übersichtzeichnung werden in der Regel nur die Hauptabmessungen eingeschrieben bzw. etwaige Anschlußmaße, s. Maß ≈ 55 in Bild 78.01 für das freie Ende der Achse, Teil 2. U. U. werden in die Übersichtzeichnung auch Maße für den Zusammenbau aufgenommen, die sich aus den Maßen der Einzelteile nicht ergeben, s. Maß 70,2 für das Aufbringen der Kugellager auf die Achse.

Platzbedarf zum Bedienen eines Gerätes ist anzugeben, falls er die Hauptabmessungen überschreitet. So schreibt man z. B. bei einem Durchgangsventil die Bauhöhe im geschlossenen und geöffneten Zustande sowie den Handraddurchmesser ein (Bild 83.01).

---

[1] S. a. Normenheft 7, F. Gaster: Die Organisation des Zeichnungswesens in der Metallindustrie. Beuth-Vertrieb GmbH., Berlin und Köln 1949.

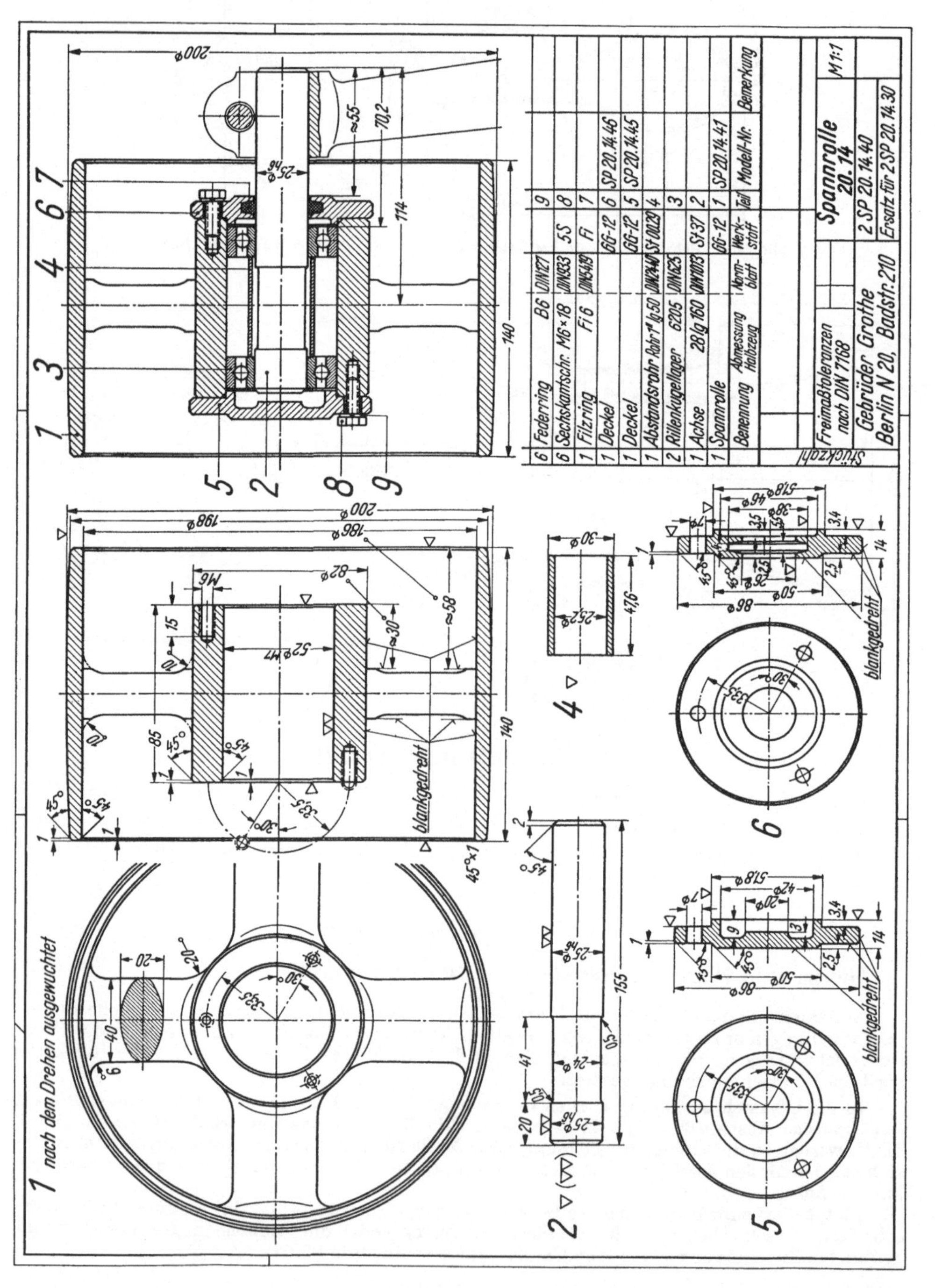

Stückzahl	Benennung	Abmessung Halbzeug	Norm-blatt	Werk-stoff	Teil	Modell-Nr.	Bemerkung
6	Federring	B6	DIN127		9		
6	Sechskantschr.	M6×18	DIN933	5S	8		
1	Filzring	Fi 6	DIN5419	Fi	7		
1	Deckel			GG-12	6	SP 20.14.46	
1	Deckel			GG-12	5	SP 20.14.45	
1	Abstandsrohr	Rohr 1" lg 50	DIN2440	St 00.29	4		
2	Rillenkugellager	6205	DIN625		3		
1	Achse	28 lg 160	DIN1013	St 37	2		
1	Spannrolle			GG-12	1	SP 20.14.41	

Die Firmennamen in den Bildern 78.01, 79.01, 80.01, 81.01 und 82.01 sind frei erfunden.

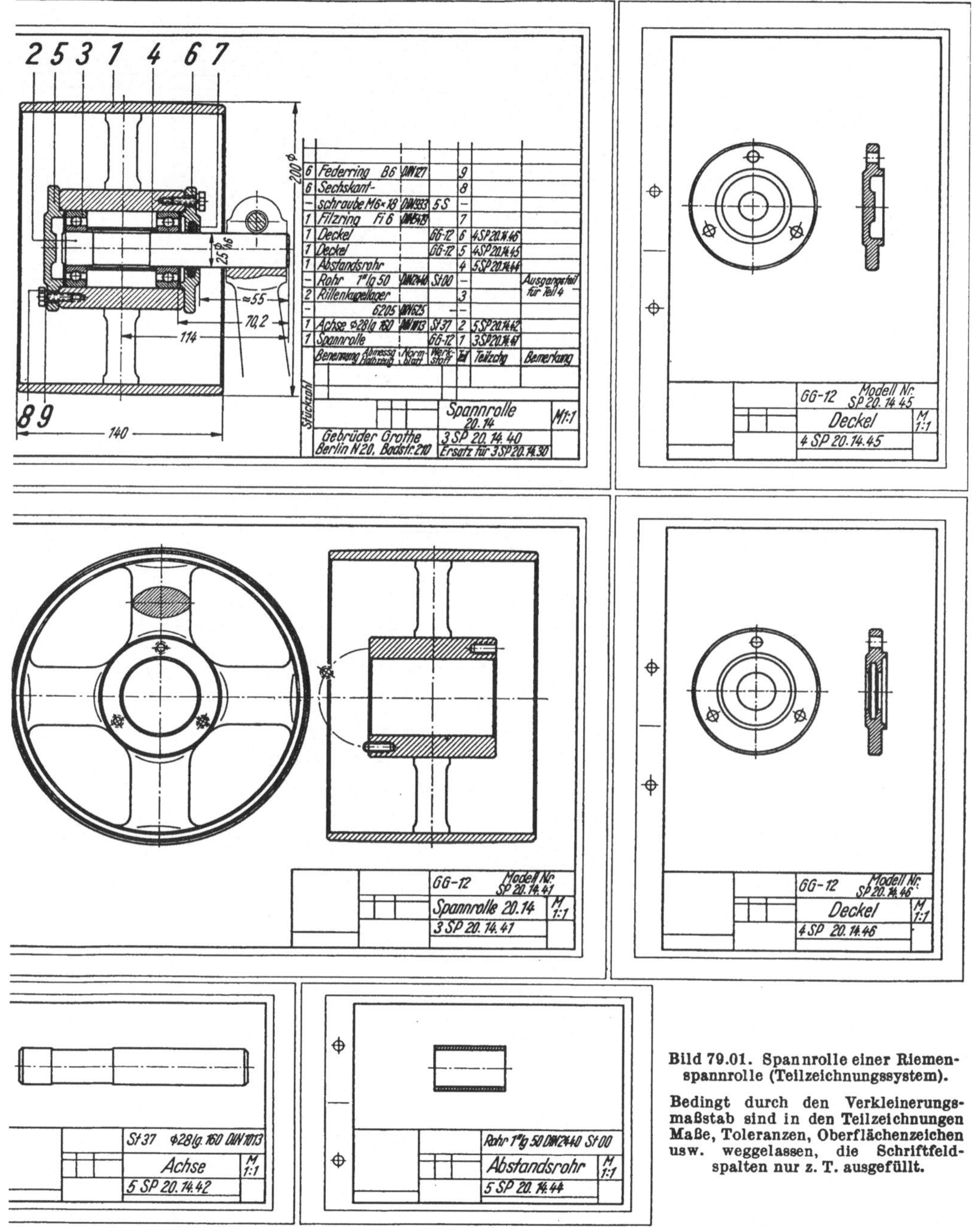

Bild 79.01. Spannrolle einer Riemenspannrolle (Teilzeichnungssystem).

Bedingt durch den Verkleinerungsmaßstab sind in den Teilzeichnungen Maße, Toleranzen, Oberflächenzeichen usw. weggelassen, die Schriftfeldspalten nur z. T. ausgefüllt.

2.32 Teilzeichnungssystem.

Hier werden von sämtlichen Teilen Einzelzeichnungen (nur mit Schriftfeld) angefertigt. Die Stückliste steht entweder auf der Übersichtzeichnung oder wird getrennt von ihr aufgestellt.

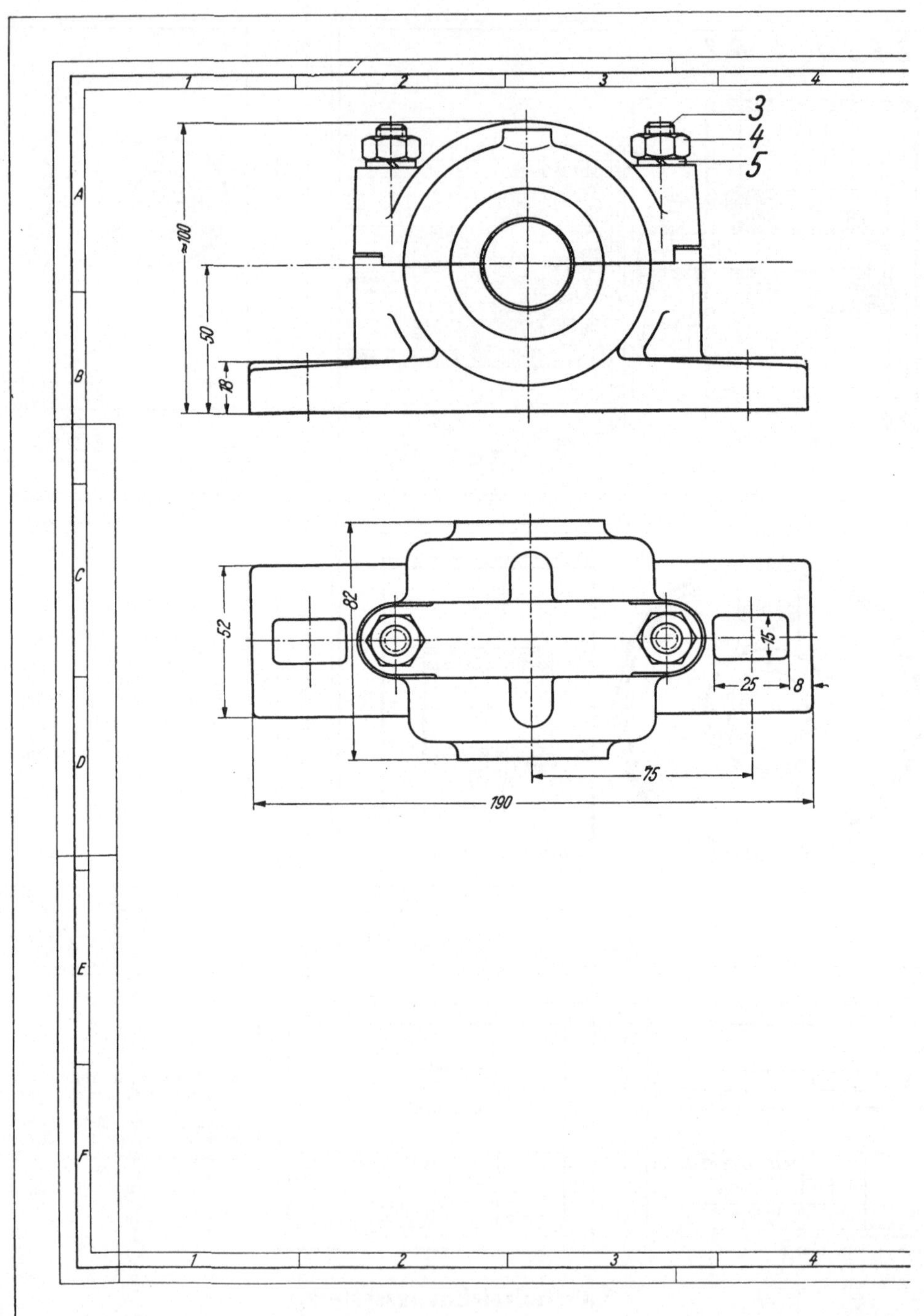

Bild 80.01 u. 81.01. Stehlager S 507

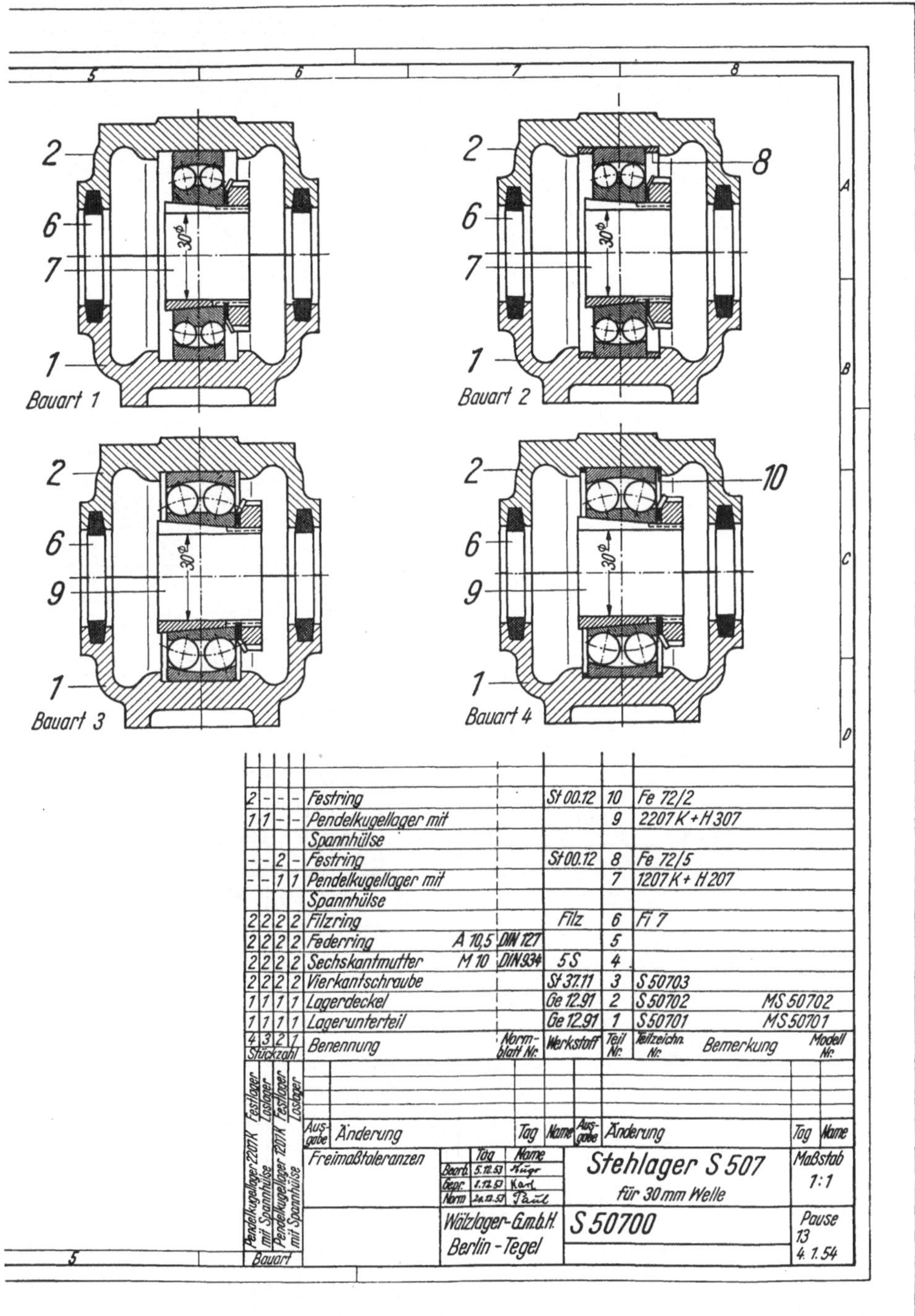

für 30 mm Welle, 4 Bauarten (Teilzeichnungssystem).

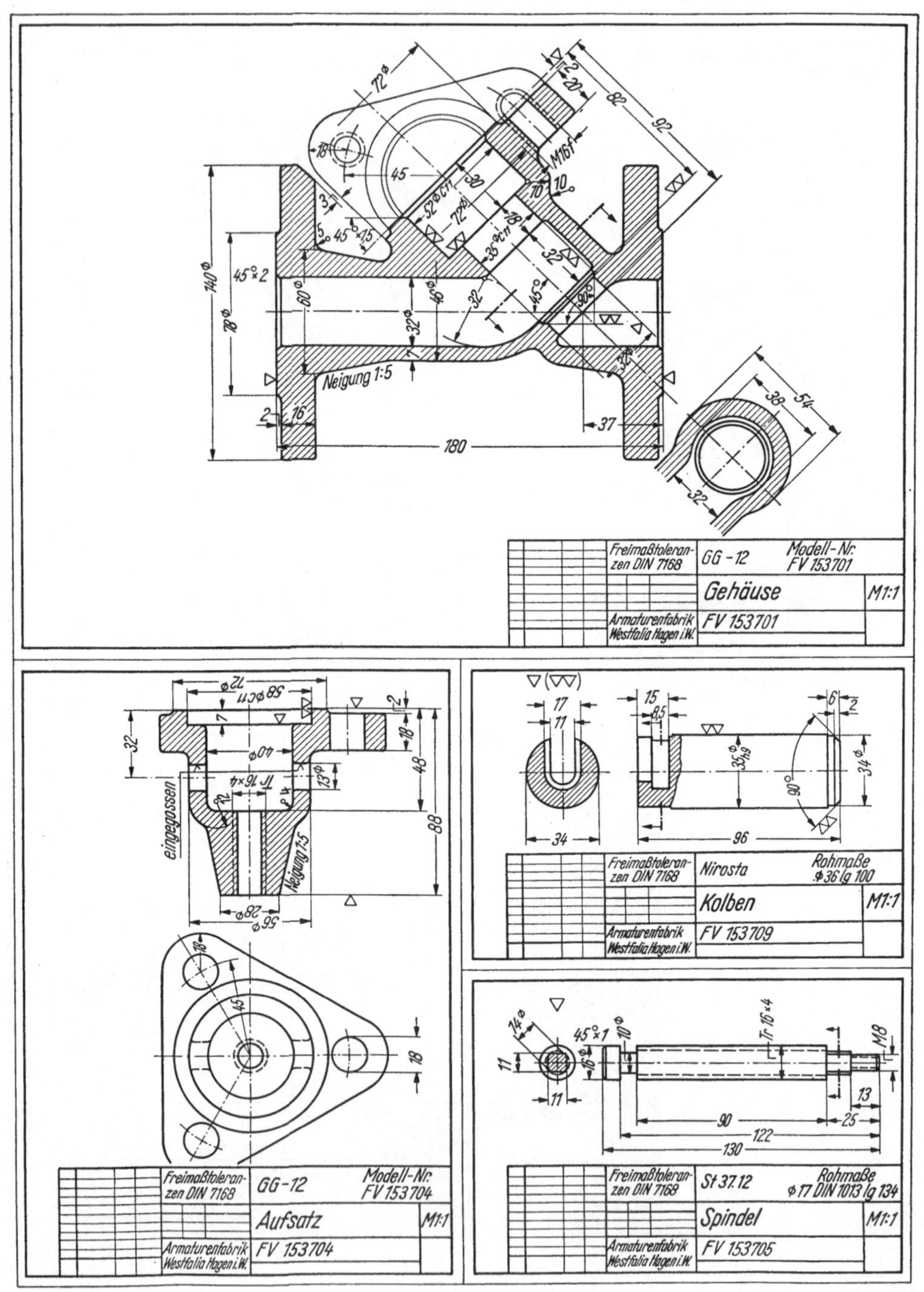

Bild 82.01 u. 83.01. Freiflußventil

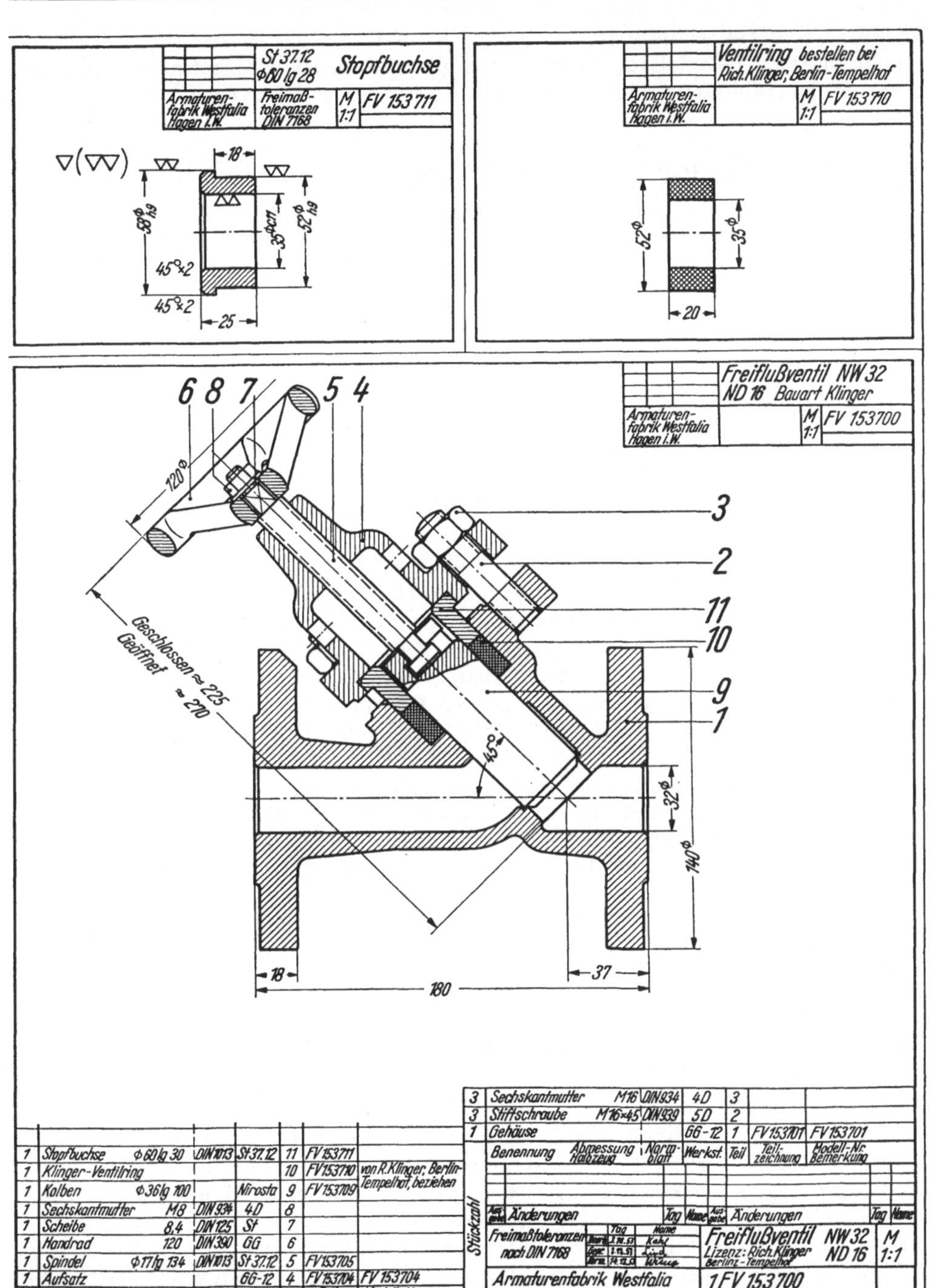

(Zerschneidesystem).

Bild 79.01 veranschaulicht, wie zu verfahren ist, wenn für die Fertigung der Spannrolle das Teilzeichnungssystem gewählt wird.

Ein weiteres Beispiel für das vorgenannte System ist das *Stehlager S 507* für 30 mm Welle (Bild 80.01 und 8101), das in 4 Bauarten geliefert wird.

Unterteil und Deckel dieses Stehlagers sind so konstruiert, daß sowohl ein Spannhülsenlager der Maßreihe 12 als auch der Maßreihe 22 (s. DIN 630) eingebaut werden kann (Bauart 1 und 3 in Bild 81.01). Legt man beiderseits des Pendellagers je einen Festring ein, dann wird aus dem Loslager ein Festlager (Bauart 2 und 4).

Durch die verschieden hohen seitlichen Anlageflächen der Zentrierung zwischen Deckel und Lagerunterteil ist ein Zusammenbau beider nur in der dargestellten Weise (s. Hauptansicht in Bild 80.01) möglich. Derartige Konstruktionen bezeichnet man als „narrensicher". Die sonst übliche Lagenkennzeichnung der Teile durch Buchstaben oder Ziffern erübrigt sich.

2.33 Gruppenblattsystem.

Bei umfangreichen Geräten oder ganzen Anlagen unterteilt man nach einzelnen Baugruppen, die ihrerseits entweder nach dem Sammelblatt-, Teilzeichnungs- oder Zerschneidesystem (s. Abschn. 2.34) aufgebaut werden. Die Gesamt-Übersichtszeichnung wird durch eine getrennte Stückliste (s. DIN 6771 Blatt 2, Ausgabe Oktober 1949), gegebenenfalls mit mehreren Blättern, oder durch ein Zeichnungsverzeichnis (ZV) ergänzt. Das ZV gleicht im Aufbau der getrennten Stückliste.

2.34 Zerschneidesystem.

Hier werden Übersichtszeichnung nebst Stückliste und die Einzelteile wie beim Sammelblattsystem auf einem Blatt gezeichnet, nur daß die Einzelteile in Feldern (Teilblättern) stehen. Zur Weitergabe an die Werkstatt werden die Lichtpausen in die einzelnen Teilblätter zerschnitten (daher Zerschneidesystem genannt).

Als Grundformat der Teilblätter wählt man das Karteiformat A 5, mitunter auch A 6. So ergibt z. B. das Format A 1 16 Felder der Blattgröße A 5, das Format A 2 hochkantstehend 8 Felder der gleichen Blattgröße. Bei Querlage des Formates A 2 kann dieses in 16 Felder A 6 unterteilt werden.

Grundsätzlich wird in *jedes* Feld *nur ein* Teil gezeichnet, Dazu ist es notwendig, benachbarte Felder zusammenzufassen, jedoch nur so, daß stets ein rechteckiges Blatt entsteht, welches sich auf das gewählte Einheitsformat falten läßt (s. Bild 82.01 u. 83.01).

Bild 82.01 und 8301 zeigt die Werkzeichnung eines *Freiflußventiles* nach dem Zerschneidesystem.

Bemerkt sei noch, daß es gestattet ist, die Maßzahlen ohne Rücksicht auf das Schriftfeld so einzuschreiben, daß sie mühelos vom Arbeiter gelesen werden können (s. Teilblatt: Aufsatz in Bild 82.01).

Viele Betriebe sammeln sämtliche Einzelteile in Ordnern. Störend ist, daß die Teilblätter zum Einheften gefaltet werden müssen, wenn sie größer als A 4 sind, und daß auch A 5-Blätter einzureihen sind.

Vorteilhafter ist, die Teilblätter in einer Kartei zu erfassen. Das Schriftfeld gegebenenfalls vereinfacht) wird in die obere rechte Ecke gesetzt, so daß die Benennung bei etwa gefalteten Teilblättern mühelos gelesen werden kann (s. S. 83).

In der Kartei werden die Einzelteile nach ihrer Benennung in Hauptgruppen mit Untergruppen geordnet, z. B. in einer Armaturenfabrik: Hauptgruppe: Aufsätze, Untergruppen: runder Flansch, quadratischer Flansch, dreieckiger Flansch, unrunder Flansch, Gewindeflansch und gegebenenfalls Sonderform.

Für das Konstruktionsbüro wird die Vorschrift erlassen daß vor Anfertigung der Werkzeichnungen einer Neukonstruktion an Hand der Kartei zu prüfen ist, ob vorhandene Teile ohne weiteres oder mit geringfügigen Änderungen .verwendet werden können.

2.4 Schriftfeld ohne und mit Stückliste.

In den Bildern 82.01 und 83.01, konnten, bedingt durch den Verkleinerungsmaßstab, nicht alle Spalten des Schriftfeldes ausgefüllt werden, Bild 850.1 zeigt ausführlich den Aufbau des Schriftfeldes ohne und mit anschließender Stückliste[1].

Zu Bild 85.01 noch einige Erläuterungen.

Alle waagerechten Spalten der Stückliste werden von unten nach oben geschrieben, bei getrennter Stückliste (Vordruck DIN 6771 Blatt 2, Ausgabe Oktober 1949) umgekehrt, meist mit Schreibmaschine.

Die *Stückzahl* ist stets auf *eine* Ausführung des dargestellten Gerätes o. dgl. zu beziehen.

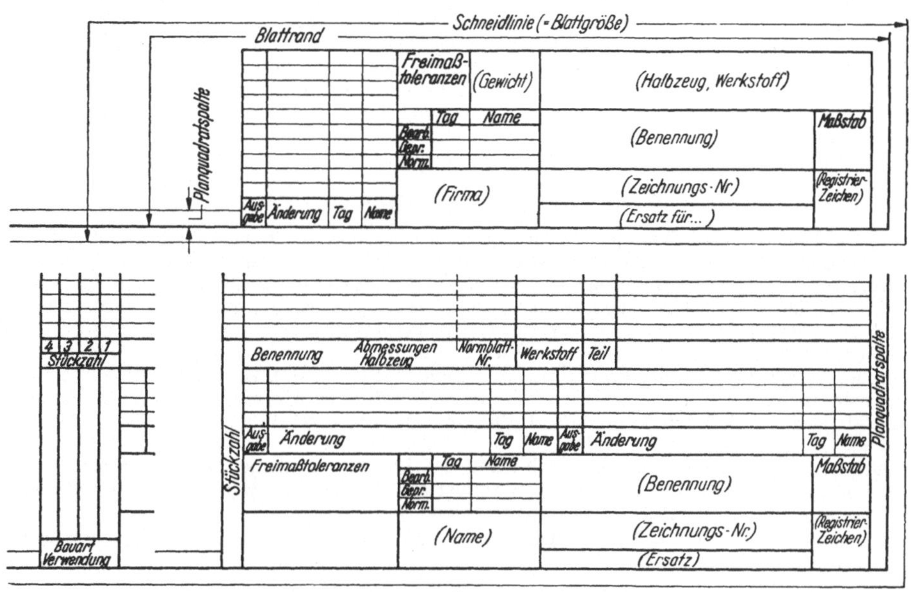

Bild 85.01. Schriftfeld ohne und mit Stückliste.

In die Spalte *Benennung* ist die Bezeichnung des Teiles stets nur in der Einzahl einzusetzen. Rechts daneben stehen die Abmessungen (Rohmaße) oder das Halbzeug, bei Normteilen die Normbezeichnung, wobei die Normblattnummer in die für sie vorgesehene Spalte zu schreiben ist.

In der Spalte *Werkstoff* erscheinen diese mit der DIN-Bezeichnung (vielfach schon mit den neuen Benennungen nach DIN 17 006, Blatt 1 bis 9, Ausgabe Oktober 1949) oder mit der handelsüblichen oder Werksbezeichnung.

Die *Teile* zählt man mit arabischen Ziffern auf. Dabei kann man zwei Verfahren einschlagen und entweder nach dem Werkstoff oder besser nach dem Zusammenbau trennen.

Die *Teilnummern* in der Übersichtzeichnung werden zwei bis dreimal größer als die Maßzahlen, aber mindestens 5 mm groß, geschrieben, *nicht* eingekreist, da diese Darstellung für den Änderungszeiger nach Bild 87.01 gilt. Teilnummer und Teil werden durch einen Bezugsstrich miteinander verbunden. Der Strich wird senkrecht oder waagerecht gezogen. Die Striche sollen sich nicht kreuzen.

Die Unterteilung der waagerechten Spalte rechts von der Teil-Spalte ist den Werken überlassen. Es können hier Spalten für Teilzeichnungen, Modellnummern, Gesenknummern, Preßformen, Gewichte usw. eingerichtet werden.

---

[1] Die Vordrucke: Zeichnungsschriftfeld ohne und mit Stückliste DIN 6771 und 6781, Ausgaben Oktober 1949, werden vom Ausschuß Zeichnungen im DNA z. Zt. neu bearbeitet, aus diesem Grunde sind in Bild 85.01 keine Maße eingeschrieben. Erläuterungen zu den Vordrucken gibt: Normenheft 16, Martin Klein: Vordrucke für technische Zeichnungen. Beuth-Vertrieb GmbH. Berlin und Köln 1950.

2.5 Kennzeichnende Nummern der Zeichnung.

Jede Zeichnung weist eine Anzahl von Nummern — *Ordnungsnummern* auf. Als wichtigste wären zu nennen: die Zeichnungsnummer, die Teilnummern, die Nummern für Teilzeichnungen, Modelle, Gesenke, Preßformen, Schnitte, Stanzen, Werkzeuge und Vorrichtungen.

Zeichnungsnummer. Eine klare und allen Ansprüchen gerechte Zeichnungsnummerung aufzustellen ist nicht einfach. Je eingehender man sich mit ihr befaßt, desto eher erkennt man, daß sie eine schwierige Aufgabe ist. Es gibt eine Reihe von Systemen, die eingehend im Normenheft 7: Die Organisation des Zeichnungswesens in der Metallindustrie (s. Fußnote S. 77) behandelt sind.

Anfangs war die Zeichnungsnummer eine reine Ordnungsnummer. Der nächste Schritt war — er ist auch heute noch üblich — eine Unterteilung nach den Erzeugnissen des Werkes. Stellt eine Fabrik z. B. Pumpen, Verdichter und Aufzüge her, so gibt man den Zeichnungen für Pumpen die Nr. 1 bis 999, den für Verdichter die Nr. 1000 bis 1999 und den für Aufzüge die Nr. 2000 bis 2999. Vermutet man, daß im Laufe der Jahre mehr als 999 Zeichnungen für die einzelnen Fabrikationszweige angefertigt werden, so sieht man von vornherein 1999 oder mehr Nummern für jede Gerätart vor.

Die vorstehend genannte Schwierigkeit vermeidet man, sofern man vor die Zählnummern Kennbuchstaben oder Kennziffern setzt, z. B. die Kennbuchstaben P, V und A oder die Kennziffern 1, 2 und 3; Beispiel P 185, V 207, A 382 oder 1185, 2207, 3382.

In den Preislisten werden die Erzeugnisse eines Betriebes durch Kennbuchstaben und Kennziffern bezeichnet, es liegt nun nahe, diese Kurzbezeichnung zum Bestandteil der Zeichnungsnummer zu wählen. Die Zeichnungsnummer 2 SP 20 14 4̣0 (Bild 78.01) ist wie folgt gebildet: 2 = Kennziffer der Blattgröße (s. weiter unten), SP = Spannrolle, 20 = Außendmr der Rolle in cm, 14 = Rollenbreite in cm, 4 = vierte Konstruktionszeichnung und 0 = Kennziffer für die Übersichtszeichnung. An die Stelle der 0 treten die Teilnummern aus der Stückliste, falls Teilzeichnungen für die Einzelteile in Frage kommen (s Bild 79.01). Umfaßt in diesem Falle die Stückliste mehr als 9 Teile, so wird die Kennziffer für die Übersichtszeichnung zweistellig, d. h. 00 (zwei Nullen), und vor die Teilnummern von 1 bis 9 wird eine 0 (Null) gesetzt (Bild 83.01).

Größere Betriebe sind vielfach noch einen Schritt weitergegangen, indem sie bei gesondert gezeichneten Einzelteilen die Zeichnungsnummer aus der Geräte-, Gruppen-[1] und Teil-Nr. und der Kennzahl für die Blattgröße zusammensetzen.

Nachstehend ein Beispiel für die *Wandermutter* eines Endabschalters einer Aufzugsmaschine, gesondert gezeichnet:

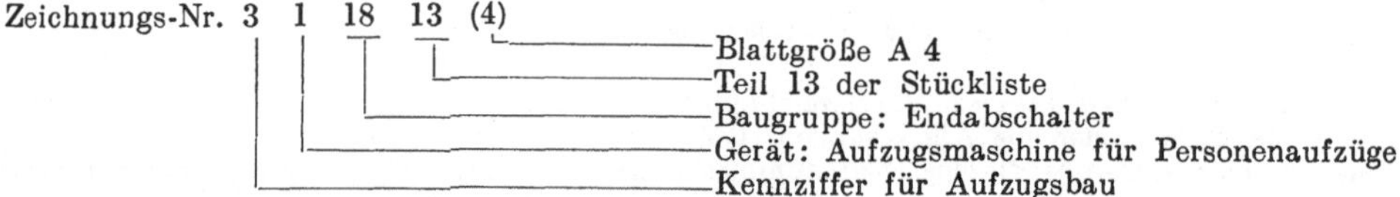

Blattgrößenkennzeichen. In der Zeichnungsverwaltung werden die Stammzeichnungen nach den Blattgrößen geordnet aufbewahrt. Unnötige Sucharbeit wird vermieden, sofern man ein Blattgrößenkennzeichen der Zeichnungsnummer beifügt. Werden nur Formate von A 0 bis A 6 verwendet, so wählt man als Kennziffer die Ziffern 0 bis 6 der Formatklasse, der Kennbuchstabe A der Vorzugsreihe A wird weggelassen. Die Kennziffer steht an erster Stelle oder sie wird eingeklammert angehängt.

Modellnummer. Jedes Modell für ein Gußteil erhält eine Modellnummer, die entweder mit der Zeichnungsnummer in keinem Zusammenhang steht oder von ihr abgewandelt ist, s. Bild 79.01 und 82.01.

Zweckmäßig ist, die Modelltischlerei anzuweisen, daß alle Modellnummern aufzuschlagen bzw. durch aus Messingblech gepreßte Buchstaben und Zahlen aufzunageln sind, damit der Abguß die Modellnummer zeigt.

Nummern für Gesenke, Preßformen, Vorrichtungen usw. können nach ähnlichen Gesichtspunkten aufgestellt werden.

---

[1] Eine Gruppe besteht aus zwei oder mehr Einzelteilen oder, wenn es sich um eine Gruppe 2. Ordnung handelt, aus einer oder mehreren Gruppen.

2.6 Zeichnungsänderung.

Jede Änderung der Zeichnung nach ihrer Weitergabe an die Werkstatt oder an einen Besteller ist im Änderungsfeld des Schriftfeldes genau zu beschreiben.

Die Zeichnungsnummer erhält einen Zeiger (Index), für den man am besten einen kleinen, lateinischen Buchstaben wählt. Darstellungs- oder Maßänderungen werden nicht ausradiert sondern so durchgestrichen, daß der alte Zustand erkennbar bleibt, was z. B. für Ersatzteillieferungen wichtig ist. Bei Maßänderungen wird neben das neue Maß eingekreist der Zeiger gesetzt (Bild 87.01) und in das Änderungsfeld des Schriftfeldes geschrieben: bei Teil 18 Maß 45 in 42 geändert, oder wenn es sich um ein größeres Einzelteil handelt: bei Teil 18 in Feld B 10 Maß 45 in 42 geändert, Feldeinteilung (Planquadrate) s. Bild 80 01 u. 81.01.

Bild 87.01. Maßänderung.

Bei jeder Maßänderung ist die Zeichnung daraufhin genau durchzusehen, ob das geänderte Maß nicht noch ein zweites Mal eingeschrieben ist und ob nicht auf zugehörigen Zeichnungen gleichfalls Änderungen notwendig werden.

Wenn möglich ist auch der Grund der Änderung im Änderungsfeld anzugeben.

Es kann auch die Änderung einer Zeichnung oder einer Stückliste an Hand einer Änderungsmitteilung erfolgen, die ausführlich gehalten ist. Entweder läuft sie bei den einzelnen Stellen durch oder diese erhalten Durchschläge bzw. Pausen. In der Mitteilung wird der Grund der Änderung aufgeführt, ob die alten Teile zu ändern oder ob sie zu vernichten sind, von wann ab die Änderung gilt, wer sie veranlaßt hat, die Kosten trägt usw.

3. Der Konstrukteur und die Zeichnung.

Unzweckmäßige und zweckmäßige Bauformen.

3.1 Allgemeines.

Der Konstrukteur muß bedenken, daß seine Zeichnung einen Auftrag an die Werkstätten darstellt ein bestimmtes Werkstück herzustellen. Vor Beginn seiner Konstruktions- und Zeichenarbeit muß er sich über die Bauaufgabe des Stückes im klaren sein; nur dann kann er Bauteile schaffen, die den Betriebsanforderungen gerecht werden und die werkstoffgerecht und werkstattgerecht sind.

Von den vielen Gesichtspunkten, die bei der Konstruktion und dem Herstellen der Zeichnung zu beachten sind, seien die wichtigsten genannt:

Werkstoff; Haltbarkeit und Lebensdauer; Formgebung durch Gießen, Kneten, Schweißen, Löten, Stanzen, Ziehen; Formgebung durch spangebende Werkzeuge; Zusammenbau und Auseinanderbau; Passungen; DIN-Normen; Werksnormen.

Allein bei der Formgebung durch Gießen wären zu beachten: Herstellen des Modells und der Form, Gieß- und Schwindvorgang, Putzen, Bearbeiten.

Für Neukonstruktionen müssen die bestehenden Fertigungseinrichtungen weitgehend benutzt werden. Daher sind die Listen oder Karteien vorhandener Modelle, Werkzeugmaschinen, Gesenke, Schnitte, Vorrichtungen, Sonderwerkzeuge, Schablonen usw. einzusehen.

Oft empfiehlt sich unmittelbare Verständigung mit der betreffenden Werkstatt.

Vereinheitlichung von Konstruktionselementen. Teile, die an verschiedenen Maschinen denselben oder ähnlichen Zwecken dienen (z. B. Lager, Stopfbuchsen, Kreuzköpfe für Dampfmaschinen, Pumpen, Kolbenverdichter) sollen möglichst gleiche Abmessungen erhalten, damit sie wirtschaftlich in größerer Stückzahl hergestellt werden können.

Dem Anfänger wird geraten seine Zeichnungen an Hand der folgenden Bilder durchzusehen, damit er Zeichnungsfehler vermeidet: Maßeintragung, Oberflächenzeichen, Bearbeitungszugaben, Werkzeugauslauf, Modellteilung usw.

3.2 Herstellungsgerechte Bauformen beim Gießen, Schmieden, Pressen und Schweißen[1].

3.21 Modellbau, Einformen und Gießen.

3.211 Grauguß. Der Abschn. 3.21 gilt ganz allgemein für Gußstücke aus Grauguß. Für solche aus Sondergußeisen, Temperguß, Stahlguß, Druckguß, Leichtmetall u. a. sind die Besonderheiten des Stoffs und des Verfahrens und die Angaben der Werkstofflieferanten zu beachten.

Das Gußstück muß so gestaltet werden, daß sich das *Modell* möglichst im zweiteiligen Kasten einformen läßt; mehrteilige Kasten, falsche Kerne[2] sind zu vermeiden. Man überlege sich beim Entwurf, wie die Teilebene des Modells verläuft und in welcher Richtung das Modell auszuheben ist. Das Ausheben des Modells aus der Form, der Kerne aus den Kernkästen soll leicht möglich sein, namentlich bei Formmaschinenarbeit; daher ist Verjüngen der Rippen und Neigen der Wände notwendig. Im Gegensatz dazu erübrigt sich bei der Schablonenformerei das Neigen der Wände, da diese durch Drehen der Schablone geformt werden.

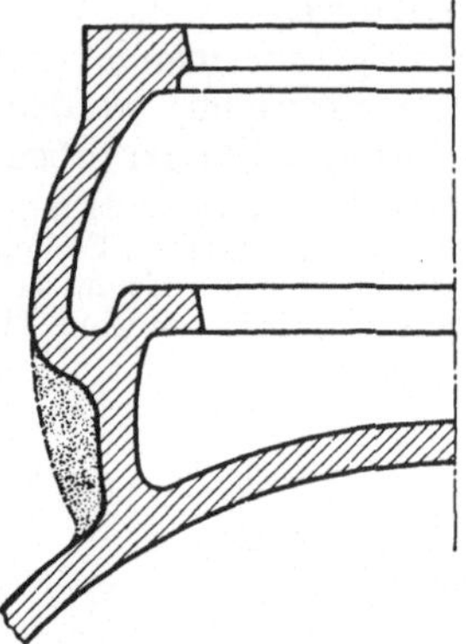

Bild 88.01. Ventilgehäuse. Werkstoffanhäufung. Gepunktete Fläche ist zu vermeiden.

Bild 88.02 bis 88.04. Flanschübergänge.

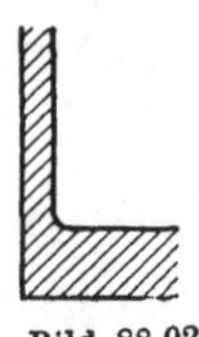

Bild 88.02 Falsch. Schwindspannungen und Lunkerbildung.

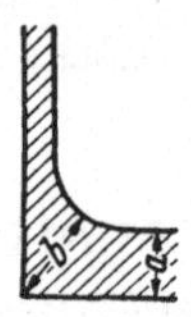

Bild 88.03 Falsch. Durch zu großen Halbmesser ist am Übergang eine Werkstoffanhäufung entstanden; $b > a$.

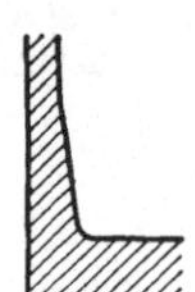

Bild 88.04 Richtig. Schlanker Übergang mit kleinem Halbmesser.

Seitliche Augen, Leisten und Angüsse, sofern sie nicht symmetrisch zur Modell-Teilebene liegen, erschweren das Ausheben. Derartige Augen werden lose (d. h. abnehmbar) am Modell befestigt (Ansteckteile). Sie werden zur Ursache von Gußfehlern, wenn sie beim Einformen verrutschen; sie können an falscher Stelle am Modell befestigt werden oder verloren gehen.

Alle Ecken sind gut zu runden. Scharf einspringende Ecken können Risse hervorrufen; sie sind auch formtechnisch falsch, da beim Modellausheben der Formsand ausbricht und nachträglich ausgebessert werden muß. Gießtechnisch behindern sie das Strömen des flüssigen Werkstoffs; die scharfe Kante des Formsandes kann weggespült werden (Ausschuß).

---

[1] Es werden folgende Werkstattbücher (Berlin/Göttingen/Heidelberg: Springer) empfohlen:
Heft 30. KOTHNY, E.: Einwandfreier Formguß. 3. Aufl. 1953. — Heft 24. KOTHNY, E.: Stahl- und Temperguß. 3. Aufl. 1953. — Heft 70. NAUMANN. FR.: Handformerei. 2. Aufl. 1950. — Heft. 66. ALLENDORF, H.: Maschinenformerei. 2. Aufl. 1950. — Heft 19. GILLES, CHR.: Der Grauguß. 3. Aufl. 1950. — Heft 14 u. 17. LÖWER, R.: Der Holzmodellbau. 3. Aufl. 1950. — Heft 11. DUESING, F. W., u. A. STODT: Freiformschmiede. 1. Teil. 4. Aufl. 1954. — Heft 12. STODT, A.: Freiformschmiede. 2. Teil. 3. Aufl. 1950. — Heft 31. KAESSBERG, H.: Gesenkschmieden von Stahl. 1. Teil, 3. Aufl. 1950. — Heft 13. SCHIMPKE, P.: Die neueren Schweißverfahren. 7. Aufl. 1950.

[2] Echte Kerne ergeben einen Hohlraum im Inneren des Gußstücks; falsche Kerne werden bei hinterschnittenen Modellen eingelegt, wenn Ansteckteile (s. weiter unten) nicht verwendet werden können.

Werkstoffanhäufungen sind u. a. wegen der Lunkerbildung zu vermeiden; die Wandstärken (besser Wanddicken) sind möglichst gleich zu halten, s. Bild 88.01. Muß ein schwacher (dünner) Querschnitt in einen starken (dicken), Bild 88.02, überführt werden, so ist ein allmählicher Übergang (Bild 88.04) zu wählen; jedoch darf die Übergangsstelle selbst keine Werkstoffanhäufung, Bild 88.03, besitzen; diese wird durch schlanken Übergang mit kleiner Rundung vermieden, Bild 88.04.

Flanschverbindungen an Zylindern von Kolbenmaschinen. Der starke Flansch, Bild 89.01, einer Dieselmaschine ist zwischen den Stiftschrauben ausgespart um Werkstoffanhäufung zu vermeiden; die Zylinderwanddicke geht allmählich in den Flansch über. Die Löcher für die Stiftschrauben können wegen ihrer Größe vorgegossen werden. Man könnte auch stählerne Kerne als Träger für das Gewinde einlegen; sie würden kühlend wirken und das Bohren erleichtern, da sich in vorgegossenen Löchern der Bohrer leicht verläuft, was durch eine Bohrvorrichtung vermieden werden kann.

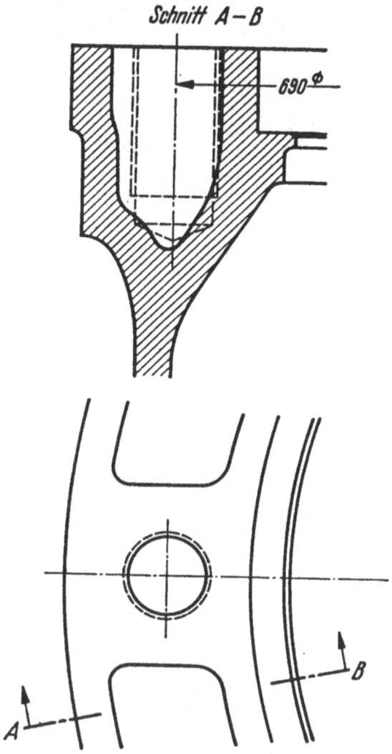

Gehäuseteile, die sich bei wechselnden Betriebstemperaturen frei ausdehnen müssen, dürfen nicht mit kälter liegenden Teilen zusammengegossen werden, da jede behinderte Wärmedehnung zu zusätzlichen Spannungen führen muß. Dies gilt z. B. für die Kühlwassermäntel von Brennkraftmaschinen und Kolbenverdichtern, bei denen die Mäntel kühler als die Zylinder sind. Auch jeder Flansch einer Wärmekraft- oder arbeitsmaschine ist wegen der Wärmeabstrahlung kühler als der Zylinder; deshalb sind hier beim Zusammentreffen von Leitungsanschlüssen und Flansch Gußanhäufungen durch Aussparungen, Bild 89.02, zu vermeiden.

Bild 89.01. Der starke Flansch besitzt Aussparungen zwischen den Stiftschrauben. Allmählicher Übergang von der Wand zum Flansch.

Das *Nachfließen* des Werkstoffs darf besonders bei strengflüssigen Stoffen, z. B. Stahlguß, nicht durch Querschnittsverengungen behindert werden. Dicke Querschnitte, denen der Werkstoff durch dünnere Wände zufließen muß, werden nicht rechtzeitig und nur unvollkommen aufgefüllt.

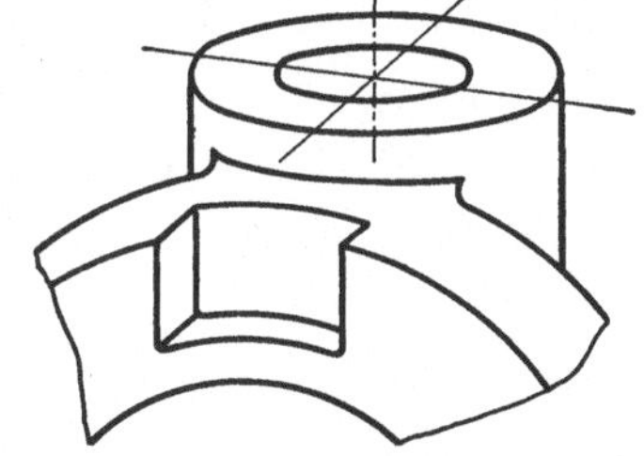

Bild 89.02. Flansch ausgespart um Werkstoffanhäufung zu vermeiden.

Vermeiden von *Gußspannungen*. Diese entstehen dann, wenn sich zusammenhängende Teile eines Gußstückes verschieden schnell abkühlen. Lassen sich diese Spannungen nicht durch möglichst gleichmäßige Wanddicken vermeiden oder vermindern, so muß die Konstruktion durch Teilen des Gußstückes geändert werden. In Sonderfällen können unvermeidbare Werkstoffanhäufungen durch Anlegen von Schreckplatten oder Kühleinlagen schnell abgekühlt werden; diese verhindern außerdem die Lunkerbildung.

Ungleich dicke Teile eines Gußstückes, z. B. starke Wandung und dünne Rippen eines Motorkolbens, haben wegen der unterschiedlichen Abkühlungsgeschwindigkeit verschiedenes Gefüge und verschiedenen Spannungszustand. Bei einem Motorkolben werden sich dann im Betrieb infolge der Temperaturänderungen Risse bilden.

Bei dicken Kränzen, Ringen u. ä. mit dünnen Armen oder Rippen entstehen Zugspannungen im Kranz, die entweder ein Aufreißen des Kranzes oder ein Zer-

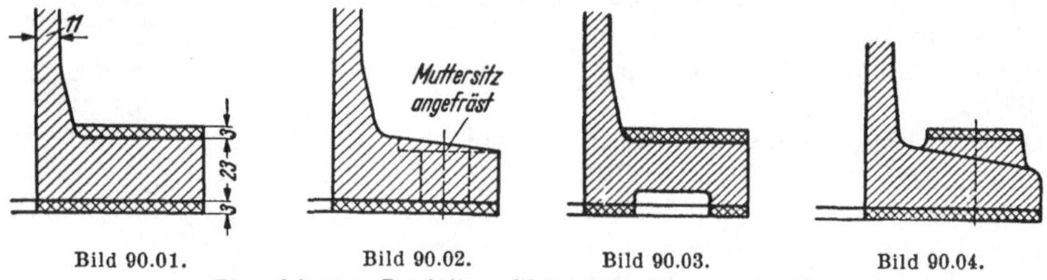

Bild 90.01. Bild 90.02. Bild 90.03. Bild 90.04.
Flanschformen. Bearbeitungsflächen über Kreuz geschrafft.

brechen der Arme bewirken; bei dünnen Kränzen und dicken Armen entstehen gefährliche Zugspannungen in den Armen.

Einfluß der *Bearbeitungszugaben.* Durch die Bearbeitungsflächen wird an dieser Stelle des Gußstückes die Dicke vergrößert, wodurch es zu einer noch größeren Werkstoffanhäufung kommt und die Gefahr der Lunkerbildung wächst. Bei dem Flansch des Rohres (Bild 90.01) wird durch die Bearbeitungszugabe die Flanschdicke von 23 auf 29 mm erhöht, während die Wanddicke des Rohres nur 11 mm beträgt.

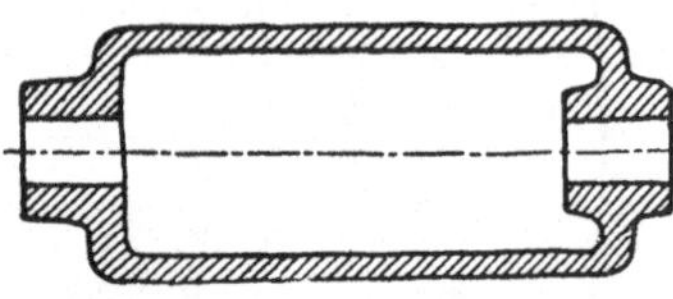
Bild 90.05. Hohlkolben. Gefahr der Kernverlagerung.

Die Flanschformen (Bild 90.02, 90.03 und 90.04) sind gußtechnisch günstig; sie lassen sich jedoch bei Rohren nicht immer anwenden, wohl aber oft bei Zylindern u. ä.

Bei Zahnrädern, deren Zähne aus dem Vollen geschnitten werden, ist zu beachten, daß das rohe Gußstück eine beträchtliche Kranzdicke besitzt. Dementsprechend muß die Dicke der Arme oder der Radscheibe dem vollen unbearbeiteten Kranzquerschnitt angepaßt sein.

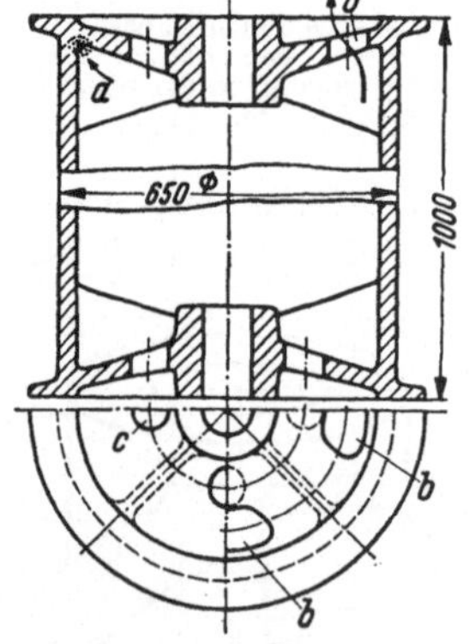

Bild 90.06. Seiltrommel. Linke Ausführung: Abführen der Kernluft oben falsch, unten richtig; rechte Ausführung richtig.

Kernlagerung bei langen Hohlkörpern. Für liegenden Guß (Bild 90.05) muß der Kern durch Kernstützen gehalten werden; dadurch kann die Kolbenwand porös werden. Das Einlegen der Kernstützen verteuert außerdem die Ausführung. Verlagert sich der Kern, so erhält der Gußkörper ungleiche Wanddicke; ist eine Mindestwanddicke vorgeschrieben, so wird der Modelltischler um der Kernverlagerung Rechnung zu tragen den Kern schwächer halten. Ein ungenügend abgestützter Kern wird dann zu größerem Werkstoffaufwand und größerem Gewicht führen. Abhilfe: Auf einer, noch besser auf beiden Stirnwänden große Öffnungen mit Deckel vorsehen.

Entlüften der Kernräume. Wird der Kolben (Bild 90.05) stehend mit dem rechten Ende nach oben gegossen, so hindert das nach innen gezogene Auge das Abströmen der aus dem Kern aufsteigenden Gase; wird der Kolben liegend gegossen, so wird der Guß an der oberen Mantellinie porös, da dort die Kernluft zu entweichen sucht.

Die Seiltrommel (Bild 90.06) wurde zuerst, wie links dargestellt, gegossen; die Kernluft konnte bei *a* nicht entweichen; es bildeten sich dort Blasen im Guß und die Festigkeit wurde verringert. Nach der rechten Ausführung kann die Kernluft durch die großen oberen nierenförmigen Öffnungen *b* (s. Draufsicht) entweichen. Die Löcher *c* waren bedeutend kleiner und lagen in der oberen Scheibe an der falschen Stelle. In der unteren Scheibe genügen Löcher von der Größe wie *c*; sie liegen unmittelbar an der Nabe richtig.

Sollen *Arbeitsflächen* besonders *dicht* sein, z. B. Dichtflächen von Ventilsitzen, so werden sie im Guß nach unten gelegt. Ist dies nicht möglich, dann müssen sie einen größeren verlorenen Kopf erhalten; die Arbeitsflächen werden auf diese Weise poren- und sandfrei.

Gratbildung. An den Teilfugen (Teilebenen) und an den Kernlagern bildet sich beim Guß ein Grat. Er soll sich leicht entfernen lassen oder er soll bei der Bearbeitung mit weggenommen werden können. An roh bleibenden Außenflächen sitzender Grat sieht häßlich aus; er muß abgemeißelt oder abgeschliffen werden, wodurch zusätzlich Kosten entstehen.

Schrumpfbehinderung. Längere Gußstücke, die an den Enden (Bild 91.01 bei *a* und *b*) Flansche, Wulste oder Ansätze haben, und ebenso Hohlkörper (Bild 90.06) können nicht frei schrumpfen, sondern sie werden durch den Formsand oder den Kern am Zusammenziehen behindert. Wird die Form nicht rechtzeitig und sachgemäß zerstört (Freistoßen), so reißen derartige Gußstücke oft schon in der Form. Bei Stahlguß treten die Risse (Warmrisse) bereits in dem noch glühenden Stück, kurz nach Beginn des Erstarrens auf, da der Stahl in diesem Zustand eine nur geringe Festigkeit besitzt.

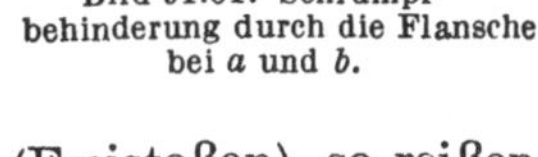

Bild 91.01. Schrumpfbehinderung durch die Flansche bei *a* und *b*.

3.212 Stahlguß. Da das Schwindmaß bei Stahlguß zwei- bis dreimal größer als bei Grauguß ist, ist die Gefahr der Lunker- und Rißbildung wesentlich größer. Auch schwindet Stahlguß schneller als Grauguß, so daß das Freistoßen der Stahlgußstücke sehr schnell durchgeführt werden muß.

Lunkerbildung läßt sich bei Stahlguß meist nur durch verlorene Köpfe (Gußtrichter) vermeiden. Sie sind aber nur wirksam, falls an der Anschlußstelle keine Einschnürung des Querschnitts eintritt und falls die zur Lunkerbildung neigende Stelle in der Nähe des verlorenen Kopfes liegt.

Ein hoher Kranz, Bild 91.02, der innen unbearbeitet bleiben soll, läßt sich in Stahlguß nach der gezeichneten Form nicht einwandfrei herstellen. Der —·—·— oben angegebene verlorene Kopf *c* kann seinen Zweck nicht erfüllen, da der Werkstoff infolge der Einschnürung *a* nicht schnell genug nach *b* fließen kann; er erstarrt vielmehr vorher in *a*. Im Querschnitt *b* wird sich daher ein Lunker bilden.

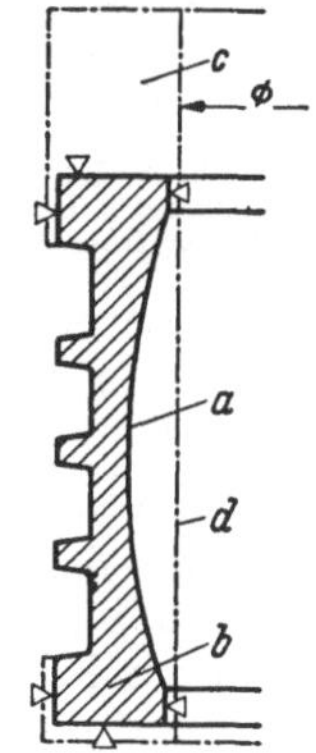

Bild 91.02. Einschnürung des Querschnitts bei *a* behindert das Zuströmen des Werkstoffs nach *b*.

Ferner ist folgendes zu beachten. Die am oberen und unteren Flansch vorzusehenden Bearbeitungsflächen vergrößern noch zusätzlich das Querschnittsverhältnis der Flanschen zum mittleren Teil.

Einwandfrei läßt sich das Stück nur gießen, wenn statt der konvexen Form *a* die zylindrische nach *d* und selbstverständlich mit verlorenem Kopf *c* gewählt wird; falls erforderlich, muß der Kranz innen auf die ursprünglich vorgesehene Form *a* ausgedreht werden.

Vom Konstrukteur ist die Form eines großen Schwungrades nach Bild 92.01 vorgesehen. Würden am Kranz Steiger nach Form *a* und an der Nabe nach Form *c* (mit Kern für Bohrung) angeordnet, so würden sich wegen der Einschnürung Lunker im Kranz und Nabe ergeben. Falls dickere Steiger nach Form *b* und *d* gewählt

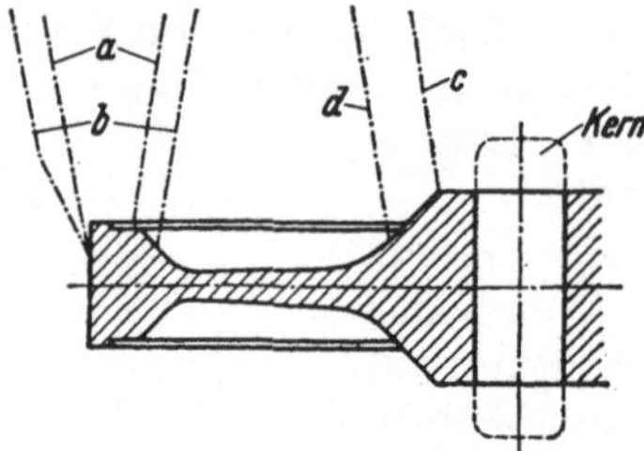

Bild 92.01. Schwungrad. Kranz- und Nabenform falsch.

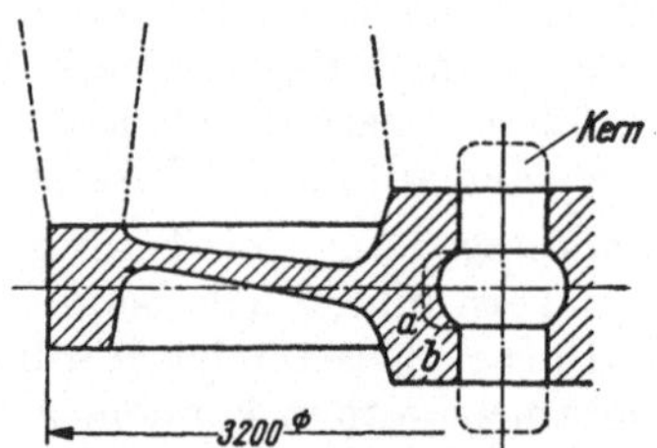

Bild 92.02. Schwungrad. Form richtig; Nabe nicht nach Strichlinie *a* aussparen.

würden, wäre zwar mit gesundem Guß zu rechnen, aber es wären erhebliche Kosten für das Abarbeiten der Steiger aufzubringen. Die bessere Ausführung zeigt Bild 92.02. Der Kern für die Nabenbohrung darf aber nicht nach der Strichlinie *a* ausgeführt werden, da der dicke Querschnitt *b* nicht durch den eingeschnürten Querschnitt *a* gespeist werden kann; Lunkerbildung in *b* wäre die Folge.

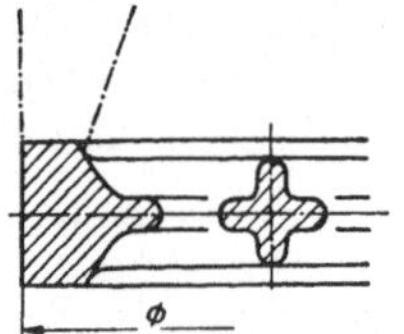

Bild 92.03. Kranz eines Zahnrades. Lunkerbildung trotz Steiger.

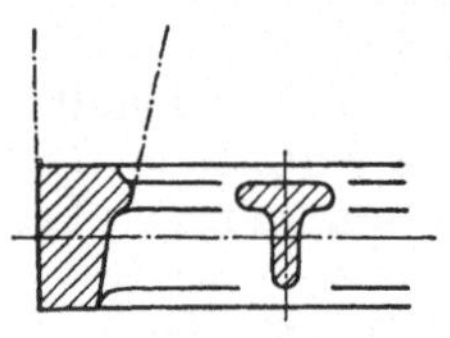

Bild 92.04. Kranz eines Zahnrades. Richtig.

Außerdem ist in Bild 92.02 die Scheibe des Schwungrades kegelig nach außen ansteigend vorgesehen, damit die Luftblasen und etwa losgelöster Formsand leicht dem Steiger zuströmen können. Die kegelige Scheibe zwischen Kranz und Nabe gibt beim Schwinden ohne Rißbildung nach.

Aus Bild 92.03 und 92.04 ist die falsche und die richtige Form des Kranzes eines Zahnrades aus Stahlguß zu ersehen; in Bild 92.04 ist keine Einschnürung des Querschnittes beim Übergang zum Steiger vorhanden. Der Armquerschnitt erhält die T-Form.

Oft hemmen die Kerne das Schrumpfen des Abgusses, namentlich starke Kerne von Hohlkörpern, die nicht sofort nach dem Guß zertrümmert werden können. Der bei Grauguß mit Recht beliebte Hohlguß ist daher bei Stahlguß zu vermeiden. Beachtet der Konstrukteur die hier angegebenen Regeln nicht, so muß der Gießer besondere Kunstgriffe anwenden um ein einigermaßen einwandfreies Gußstück zu erzielen. Hierzu gehören: Wahl besonderer Stahlarten, schnelles Abdecken der Form an den Stellen, die schnell erkalten sollen, Anschneiden von Rippen, Einlegen von Kühleisen und Schreckplatten, Ausbauchen von Wänden, die sich voraussichtlich verziehen würden, nach der entgegengesetzten Seite u. a. m.

Bei ungeeigneter Formgebung müssen oft derartig dicke Steiger und Werkstoffzugaben vorgesehen werden, daß das Gewicht des Rohgusses zwei- bis dreimal so groß wird wie das Fertiggewicht; außerdem sind die Mehrkosten für das Beseitigen der Angüsse und Werkstoffzugaben erheblich.

3.213 Druckguß. Massenteile der Feinmechanik und des Gerätebaus werden meist nach dem Druckgußverfahren (Spritzgußverf.) hergestellt, wobei geeignete

Metallegierungen unter Druck in Dauerformen gespritzt werden. Die Flächen werden dabei so glatt und genau, daß eine weitere Bearbeitung kaum erforderlich ist.

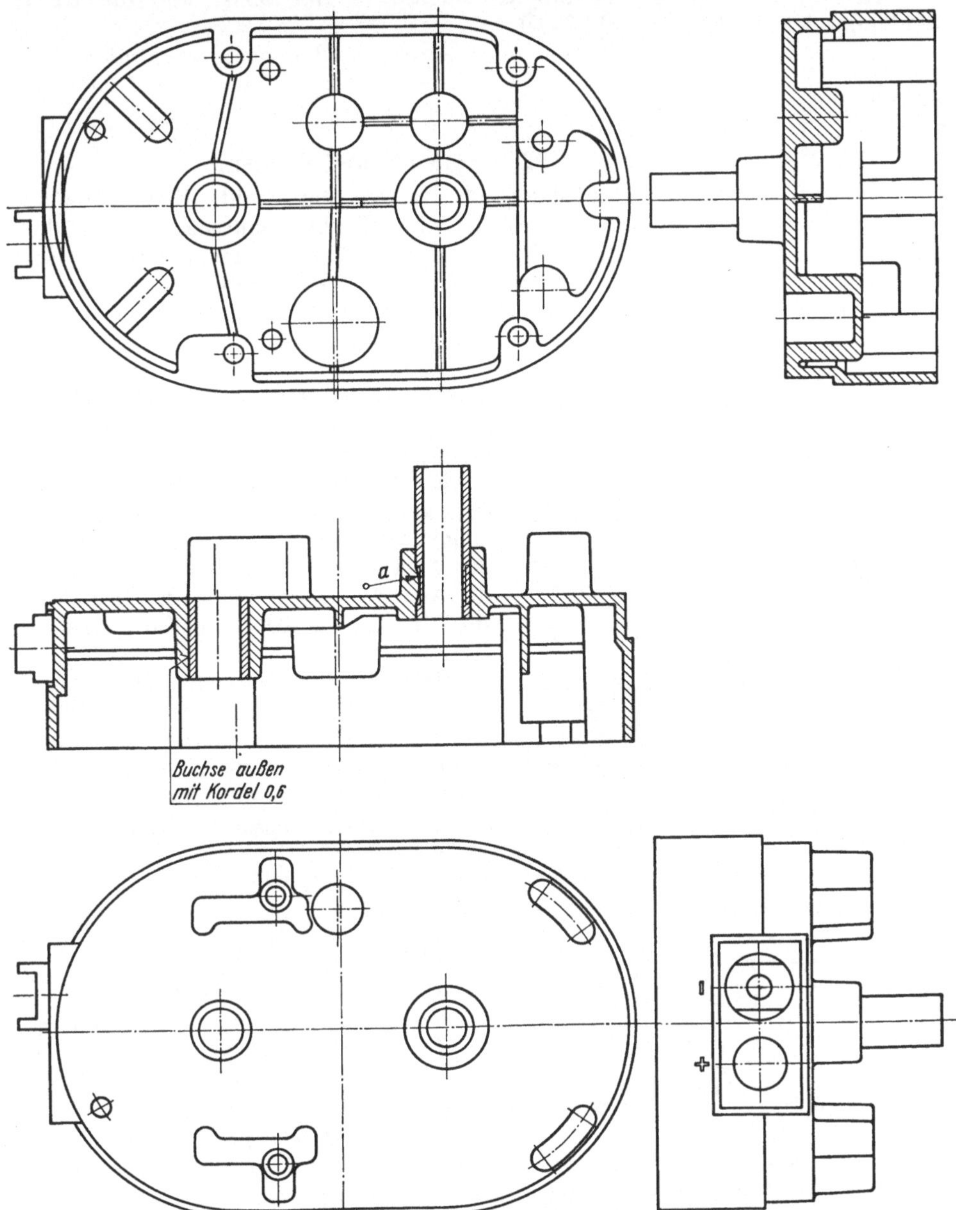

Bild 93.01. Gehäuse eines Scheibenwischers (Kraftwagen) aus DZn Al 4, einer Legierung, die sich für Gußstücke aller Art, insbesondere bei höheren Anforderungen an Maßbeständigkeit, eignet.

Die beim einfachen Gießverfahren, Abschn. 3.21, notwendigen Aushebeschrägen entfallen und damit auch die Nacharbeit für Anschlußflächen. Zapfen, Stifte, Lauf- bzw. Gewindebuchsen usw., die aus Gründen der Beanspruchung aus festerem

Werkstoff sein müssen, werden in die Form eingelegt und mit eingegossen. Diese Teile müssen Flächen aufweisen, die eine lagesichere Verankerung im Druckgußteil gewährleisten, s. z. B. die gekordelte Buchse in Bild 93.01 und die Kreuz-Rändelung des Zapfens in Bild 94.01.

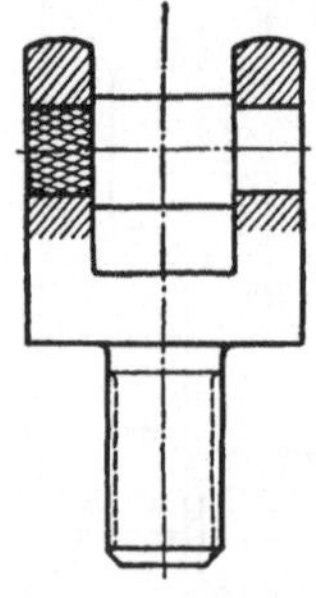

Bild 94.01. Gabelstück aus Spritzguß.

Das Anflächen oder Anfräsen der oben genannten Teile kann das Drehen oder Verschieben gleichfalls verhindern, s. *a* in Bild 93.01.

3.22 Schmieden und Pressen.

3.221 Schmieden und Pressen von Stahl. Beim *Freiformschmieden* wird das Werkstück (z. B. eine Schubstange, Bild 76.01) in warmem Zustand nach Augenmaß geschmiedet (mittels Hand- oder Krafthammer oder Schmiedepresse), wobei von Zeit zu Zeit die Maße z. B. durch Anhalten von Schablonen (s. Bild 77.01) geprüft werden; nur für kleine Stückzahlen wirtschaftlich.

Die durch Freiformschmieden herzustellenden Stücke sollen eine möglichst einfache Form besitzen. Der aus Bild 94.02 ersichtliche Gabelhebel wird bei Einzelherstellung bzw. geringer Stückzahl sehr teuer; billiger sind genietete Hebel, Bild 94.03 oder geschweißte.

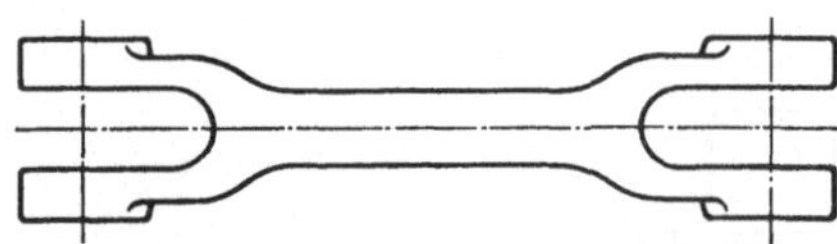

Bild 94.02. Gabelhebel. Einzelherstellung durch Freiformschmieden; teuer.

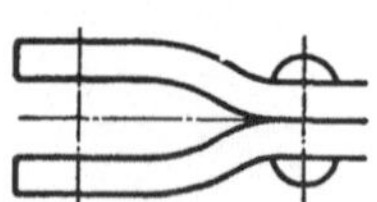

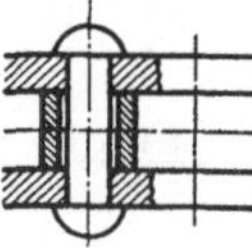

Bild 94.03. Gabelhebel. Einzelherstellung durch genieteten Flachstahl; billig.

Ein Hebel nach Bild 94.04 mit beiderseits hervortretenden und überdies runden Augen ist schwer herzustellen; billiger ist die Ausführung nach Bild 94.05, bei der die Augen einseitig sitzen. Die Konstruktion nach Bild 94.04 ist eine für Guß häufig angewandte.

Beim Freiformschmieden sind Staucharbeiten möglichst zu vermeiden; Kopfstauchungen sind leichter als Bundstauchungen auszuführen; dabei sei der Kopf- bzw. der Bunddurchmesser kleiner als 1,5 × Durchmesser des Ausgangswerkstoffs.

Der Stauchbund einer druckbeanspruchten Stange, Bild 95.01, kann durch einen aufgeschrumpften und vernieteten Flansch ersetzt werden. Sind größere Kräfte oder Drehmomente zu übertragen, so kann an die Stange oder Welle *a*, Bild 95.02, das zylindrische Stück *b*, das den Flansch *c* trägt, angeschweißt (stumpf, preßgeschweißt) werden. An diesem Anschweißstück wird nicht der Bund *c* angestaucht, sondern der Hals *b* wird durch Strecken des dickeren Flanschstücks gebildet; dieser Vorgang ist leichter durchzuführen und technologisch richtiger als der umgekehrte.

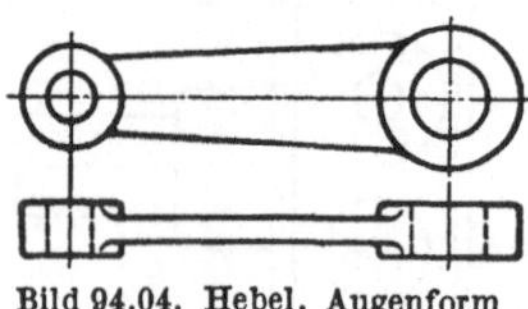

Bild 94.04. Hebel. Augenform ungünstig.

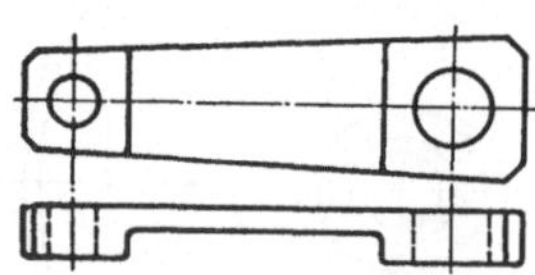

Bild 94.05. Hebel. Günstige Form; Augen einseitig.

Soll eine Stahlstange *a*, Bild 95.03, in Längsrichtung eine große Druckkraft auf Grauguß, z. B. einen Kolben *b*, übertragen, so kann die erforderliche Auflagefläche auch durch einen besonderen Stahlring *c* gebildet werden, der auf die Stange aufgepreßt oder aufgeschraubt wird. Dabei sind die Rundungen bei *d* nach Bild 99.10 auszuführen. Soll der Ring aufgepreßt werden, so muß der Stangendurchmesser bei *e* etwas kleiner als die Bohrung des Ringes sein, da sonst durch den Vorgang des Fügens die Oberfläche von *e* beschädigt wird; man muß also einen Absatz (nicht dargestellt) auf der Stange vorsehen. Beim Aufschrumpfen ist das nicht erforderlich.

Längere Schmiedestücke mit Kröpfungen, z. B. Kurbelwellen, bis zu den größten Abmessungen, werden aus Herstellungsgründen aus mehreren Stücken, z. B. Kurbel-

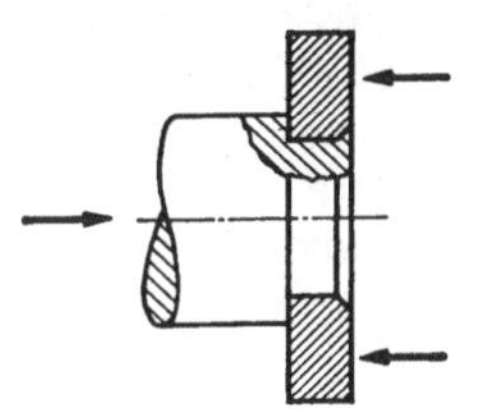

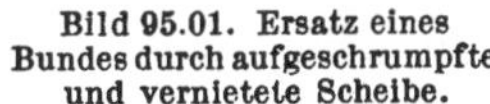

Bild 95.01. Ersatz eines Bundes durch aufgeschrumpfte und vernietete Scheibe.

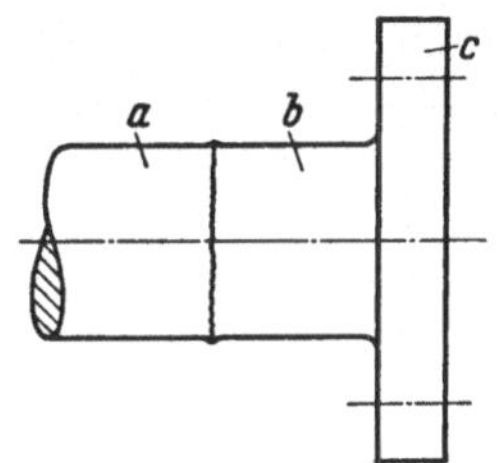

Bild 95.02. Vorgeschweißter Flansch.

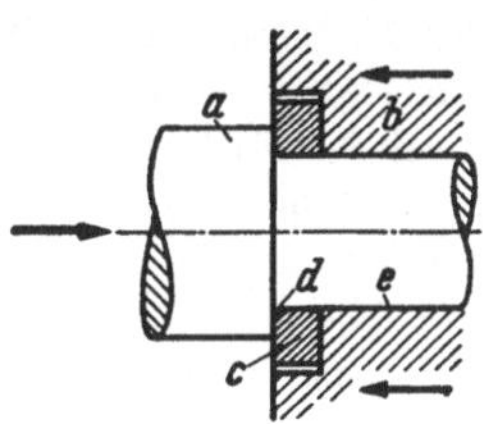

Bild 95.03. Ersatz eines (aufgepreßten) Bundes durch einen Ring.

armen und eingesetzten Zapfen zusammengesetzt, „gebaute“ Wellen, s. a. Bild 70.01 und 71.01 Hirth-Rollenlager-Kurbelwelle.

Bei Serien- und Massenfertigung kommt das Schmieden im *Gesenk* und die Arbeit in *Schmiedepressen und -maschinen* in Frage, da unter Berücksichtigung der Arbeitszeit, Werkstückfestigkeit und bei werkstoffsparender Formgebung das Gesenkschmieden billiger als Einformen und Gießen ist.

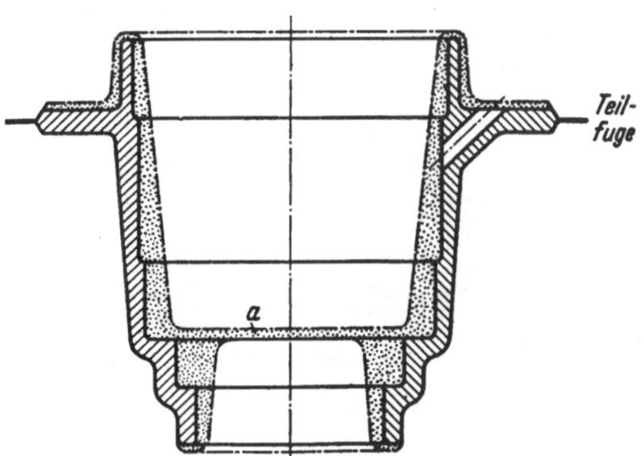

Bild 95.04. Radnabe. Preßstück. Rohling. Werkstoffzube für Drehen: gepunktete Flächen.

Damit die Herstellung des Gesenks einfach, die Abnutzung gering und die Lebensdauer groß wird, sind einfache Formen des Werkstücks zu nehmen, s. a. Bild 74.01 Einheitsschubstange und Bild 75.01 Gesenkzeichnung dazu.

Die Querschnittform soll gesenkfähig sein, d. h. der Werkstoff muß gut fließen und die Gesenkhälften müssen sich leicht vom Werkstück lösen können. Man wähle allmähliche Übergänge und zweckmäßige Abrundungen und vermeide Abzweigungen. Scharfe Ecken am Werkstück, z. B. an Vier- oder Sechskanten sind gut zu runden, da sie sonst durch Kerbwirkung am Gesenk dessen Lebensdauer verkürzen.

Ähnlich wie bei Gußstücken, s. 3.211, sind auch bei Gesenkstücken die Bearbeitungszugaben so reichlich zu nehmen, daß beim Bearbeiten die durch Verziehen des Werkstücks und Abnutzung des Gesenks eintretenden Maßabweichungen ausgeglichen werden können. Seitenflächen, die senkrecht zur Teilebene liegen, erhalten je nach Werkstoff eine Neigung von 5 bis 7°; bei hohen Rippen soll die Neigung bis etwa 10° betragen. Die Teilfuge ist so zu legen, daß sich das Obergesenk bequem gegenüber dem Untergesenk ausrichten läßt und daß das Abgratgesenk einfach wird.

Im allgemeinen ist es zweckmäßig, die endgültige Form eines Gesenk- oder Preßstücks erst nach Rücksprache mit einem Fachmann festzulegen.

Die Radnabe, Bild 95.04, ist so geformt, daß der teigige Werkstoff durch die kegeligen Vorsprünge im Unter- und Obergesenk nach außen gedrängt wird und auch den Flansch gut ausfüllen kann; es bleibt eine Wand *a* stehen, die beim Ausdrehen entfernt wird.

3.222 Pressen von Nichteisenmetallen. Hier gelten dieselben Gesichtspunkte wie bei Stahl.

Für die Massenerzeugung (Feinmechanik, Apparatebau, Elektrotechnik) werden warmgepreßte Messing- und Leichtmetallteile verwendet. Je nach Stückzahl ist von Fall zu Fall zu überlegen, ob man derartige Preßteile nehmen soll, oder ob Drehen von der Stange vorteilhafter ist; schließlich kommt auch Druckguß in Frage. Oft werden gezogene oder auf Strangpressen gepreßte Formstangen zerschnitten und die Abschnitte durch Warmpressen in einem oder mehreren Arbeitsgängen auf die verlangte Endform gebracht.

3.23 Schweißen.

Auch im Maschinenbau haben Schweißkonstruktionen für alle Verwendungszwecke erfolgreichen Eingang gefunden. Es werden heute durch Schweißen hergestellt: Hebel, Schubstangen, Kolben, Räder, Fahrzeugrahmen, Maschinengestelle, elektrische Maschinen, Kessel, Behälter, Rohrleitungen, Armaturen u. a.[1]

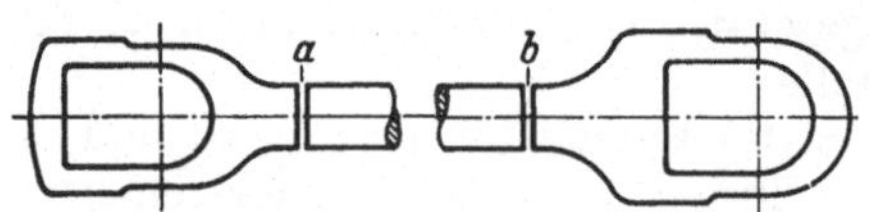

Bild 96.01. Schubstange, stumpfgeschweißt.

Bild 96.01 zeigt eine große Schubstange (Pleuelstange), die aus 3 Teilen bei *a* und *b* stumpfgeschweißt ist. Nach Ziehen des Lichtbogens wird der Werkstoff unter starkem Funkensprühen abgeschmolzen, wobei die Schweißtemperatur erreicht wird; nach Abschalten des Stromes werden die Schweißstellen mit einer bestimmten Kraft zusammengepreßt. Der entstandene Schweißwulst muß entfernt werden.

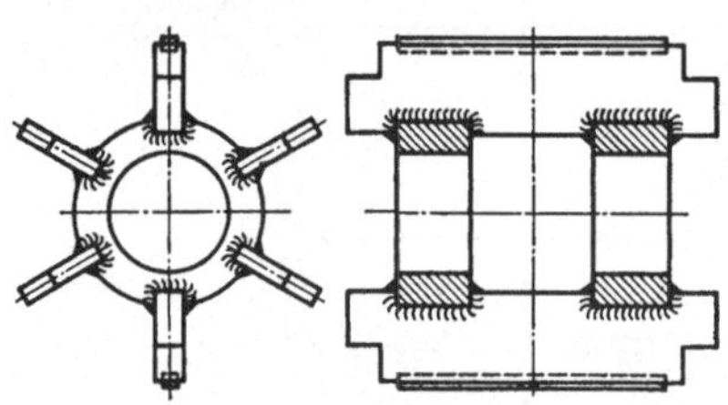

Bild 96.02. Läufer eines Generators.

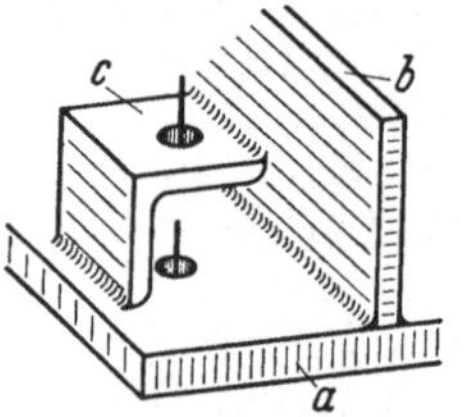

Bild 96.03. Auge an einem geschweißten Gestell.

Vorteil: Kein sperriges großes Schmiedestück. Der verhältnismäßig schwache Schaftquerschnitt braucht nicht durch häufiges Strecken der großen Ausgangsquerschnitte, die für die Köpfe notwendig sind, geschmiedet zu werden.

Läufer eines Generators s. Bild 96.02. Die sechs Arme tragen das Blechpaket; der Läufer ruht mit seinen beiden Ringen auf der Welle.

Aus Bild 96.03 ist zu erkennen, wie der Anschluß für die Fundamentschrauben an einem geschweißten Gestell erfolgen kann; *a* ist die Grundplatte, *b* eine Wand und *c* das aus Winkelstahl gebildete Auge mit Durchgangsloch für den Schraubenbolzen.

Bei hochbeanspruchten Teilen muß der Konstrukteur die Besonderheiten der Verfahren, die auftretenden Wärmespannungen, das Verziehen, die Eigenschaften des Zusatzwerkstoffs usw. berücksichtigen. Er muß auch bedenken, daß die Güte einer Naht von deren Zugänglichkeit und Lage abhängt. Es ist ein Schweißplan

[1] HÄNCHEN, R.: Schweißkonstruktionen. Konstruktionsbücher Heft 12. Berlin/Göttingen/Heidelberg: Springer 1953.

aufzustellen, in der die Reihenfolge für Heften, Schweißen, Anwärmen, Glühen usw. angegeben ist, s. a. Bild 77.02, geschweißter H-D-Kolbenschieber, Schweißplan dazu S. 73.

Bild **97.01** zeigt die *Aufbauskizze* eines geschweißten Lagerbocks. Es empfiehlt sich vor allem für den Anfänger, sich in derartigen Skizzen zu üben; dadurch lernt er das Zergliedern des Schweißstücks in die einzelnen Haupt- und Nebenformen, aus denen das sich Werkstück zusammensetzt[1].

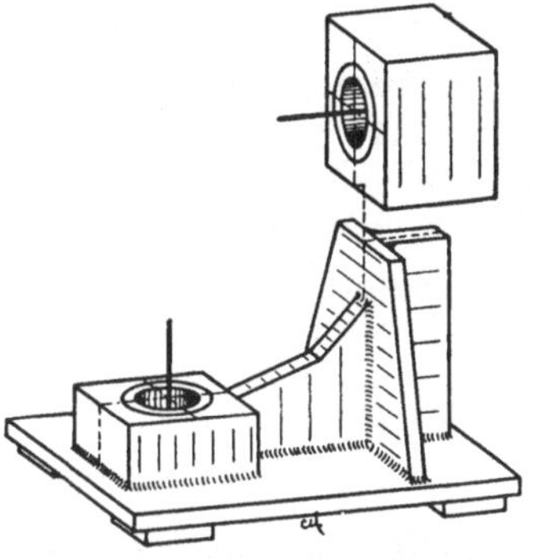

Bild 97.01. Geschweißter Lagerbock. Bleche und Quadratstahl mit Brenner zugeschnitten.

3.3 Bearbeitung und Zusammenbau.

Allgemeines. Der Konstrukteur, der ein Werkstück gestaltet und von diesem zunächst nur gedachten Werkstück eine Werkzeichnung anfertigt oder die Werkstattreife prüft, wird in Gedanken Zeichnung und Werkstück durch die verschiedenen Fertigungswerkstätten verfolgen müssen. Einige Gesichtspunkte, die dabei zu beachten sind, werden in den nachstehenden Zeilen hervorgehoben.

3.31 Handarbeit.

Handarbeit ist teuer. Daher sind Flächen, die nur von Hand bearbeitet werden können, tunlichst zu vermeiden. Wo Handarbeit erforderlich wird, beschränke man

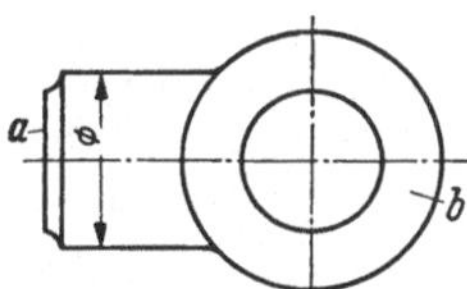

Bild 97.02. Stangenauge. Falsch, wenn alle Außenflächen bearbeitet werden sollen; richtig, wenn nur von den Außenflächen die Stirnseiten *a* und *b* überdreht werden.

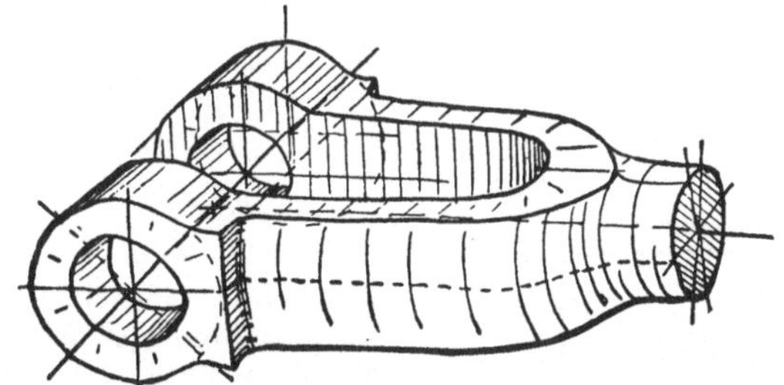

Bild 97.03. Gabelstück. Allseitige Bearbeitungsmöglichkeit.

sie auf Bearbeitung schmaler Leisten und führe sie mit mechanisch angetriebenen Werkzeugen durch.

Das Stangenauge in Bild 97.02 (Guß- oder Gesenkstück) mit dem Zusatz „allseitig bearbeitet" ist ein Beispiel für eine schlechte, gedankenlose Gestaltung; es dürfte vollkommen genügen, wenn nur diejenigen Flächen bearbeitet würden, die mit benachbarten Teilen zusammenarbeiten bzw. als Anlageflächen dienen, also die Stirnflächen *a* und *b* (und selbstverständlich die Bohrungen).

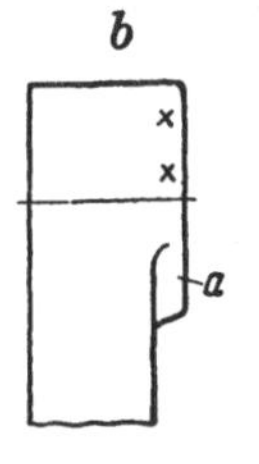

Bild 97.04. Form ungünstig.

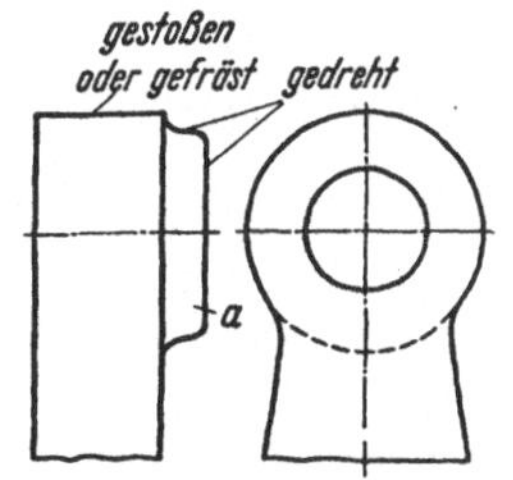

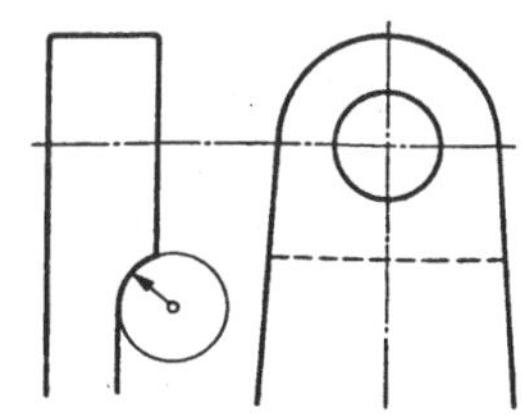

Kurbeln. Allseitig bearbeitet.

Bild 97.05. Form günstiger, aber teuer.

Bild 97.06. Gefräste Form.

[1] Näheres s. Hänchen, R.: Fußn. S. 96.

Die richtige Form für ein allseitig bearbeitetes Gabelstück zeigt Bild 97.03 (Bemaßung der Hauptansicht s. Bild 28.05). Eine derartige Gabel ist aber in Herstellung und Bearbeitung teuer.

Regel: Flächen, die mit verschiedenen Werkzeugen oder in verschiedener Aufspannung bearbeitet werden, dürfen nicht *unmittelbar* ineinander übergehen.

Beispiel: Die mit × bezeichnete Fläche der Kurbel, Bild 97.04, liegt auf der Grenze zwischen dem Rand *a*, der gedreht werden könnte, und der halbzylindrischen Fläche *b*, die gestoßen oder gefräst werden könnte. An dieser Grenzstelle wird ein Absatz entstehen, der nur von Hand verglichen werden kann.

Die Form in Bild 97.05 ist schon günstiger; allseitige Bearbeitung ist möglich; jedoch wird man bei kleinen, z. B. im Gesenk geschmiedeten Kurbeln nur den Rand *a* drehen. Für allseitige Bearbeitung durch Fräsen ist die Formgebung nach Bild 97.06 brauchbar.

3.23 Arbeitsleisten.

Gußstücke. Die Höhe *a* der Arbeitsleisten, Bild 98.01, sei je nach Größe 3 bis 15 mm, damit bei Maßabweichungen das Werkzeug bei *b* nicht die Gußhaut berührt. Ursachen für die Maßabweichungen können sein: Ungenaues oder verzogenes Modell, ungenaues Einformen, schlecht eingelegte oder schlecht gestützte Kerne, Verziehen des Werkstücks durch Gußspannungen usw.

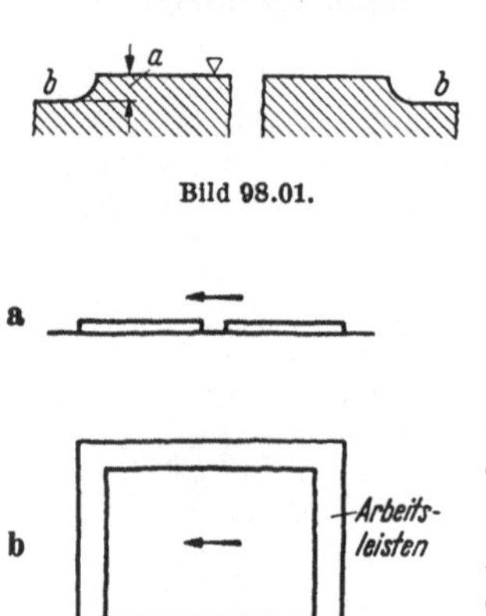

Bild 98.01.

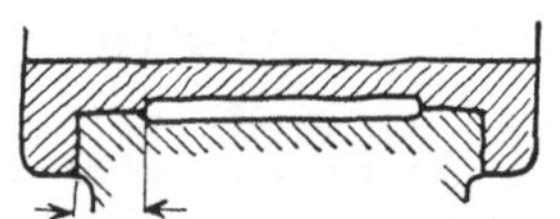

Bild 98.02. Lagerschale. Arbeitsleisten zu schmal; Lagerschale nicht genügend abgestützt; Berührungsflächen für den Wärmeübergang zu klein.

Bild 98.03. Gehobelte Leisten. a) Falsch b) Keine Zeitersparnis c) Beträchtliche Zeitersparnis.

Arbeitsleisten sind so kurz und so schmal wie erforderlich zu machen. Dadurch spart man Bearbeitungskosten und erleichtert eine beim Zusammenbau vielleicht notwendige Nacharbeit. Natürlich darf man diesen Grundsatz nicht übertreiben und nicht gedankenlos anwenden, s. Bild 98.02. Auch wäre es falsch, Arbeitsleisten, die in Pfeilrichtung, Bild 98.03a, gehobelt werden müssen, zu unterbrechen; das gibt keine Arbeitsersparnis, sondern ungünstige Beanspruchung des Hobelmeißels. Aussparungen nach Bild 98.03b verkürzen beim Hobeln nicht die Bearbeitungszeit, verringern jedoch das Gewicht und erleichtern den Zusammenbau.

Dichtungs- bzw. Zentrierleisten an unrunden, drei- oder viereckigen Flanschen oder Deckeln gebe man die Form eines zylindrischen Ansatzes, damit nur dieser zu drehen ist und nicht die ganze Fläche (Stahl hakt ein!), s. a. Bild 19.03, 25.05, 65.01 und Teilblatt FV 153 704 in Bild 82.01.

Arbeitsleisten, die auf der gleichen Seite eines Werkstücks liegen und benachbarte Flächen, die bearbeitet werden sollen, ordne man möglichst in gleicher Höhe an, damit die Bearbeitung in einer Aufspannung und mit der gleichen Werkzeugeinstellung erfolgen kann (Bild 99.01).

In Bild 99.01 wird man mindestens die Arbeitsflächen *a* und *b* in *eine* Ebene legen und die Rippe zurückspringen lassen, damit ihre Bearbeitung gespart wird.

Falls die Zentrierung bei c entbehrt werden kann, kann man alle 3 Arbeitsflächen in eine Ebene bringen. Formen nach Bild 99.02, z. B. ein Hebel mit zwei Augen, können richtig sein, falls es sich um große Stückzahlen und Bearbeitung mit Sonderwerkzeugen handelt.

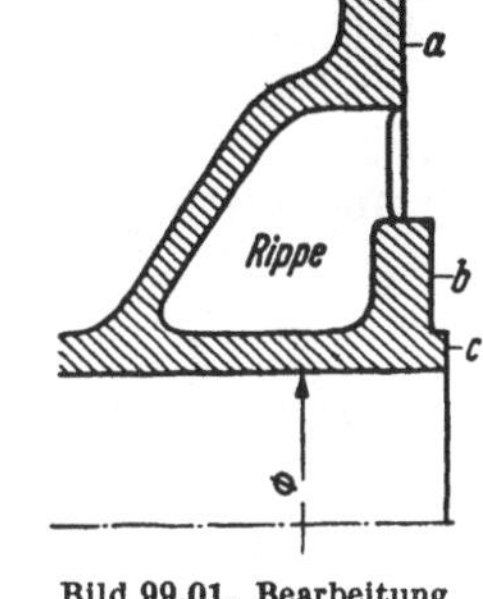

Bild 99.01. Bearbeitung teuer.

3.33 Anlageflächen, Zentrierung.

Bei Anlageflächen, Zentrierleisten usw. soll keine Überbestimmung eintreten (Bild 99.03 bis 99.05). Sattes Anliegen bei a und b (Bild 99.03 und 99.05) ist weder möglich noch erforderlich. Übergreifende Nabe bei a, Bild 99.06, und Übergang an der Welle (Stange) bei b, ähnlich Bild 99.10, erhöhen die Dauerhaltbarkeit der Welle (Stange).

Werden längere Stangen, Wellen oder Buchsen zweimal eingepaßt, so halte man die Zentrierflächen im Durchmesser ungleich groß (Bild 99.07); sonst muß b durch die Bohrung c hindurchgepreßt werden. Außerdem wird der Zusammenbau sehr erleichtert, wenn $l_2 > l_1$ (vielleicht auch $h_2 > h_1$) ist; damit nicht beide Bunde gleichzeitig anschnäbeln, sondern zuerst b, dann a.

Bild 99.02. Bearbeitung bei kleinen Stückzahlen teuer.

Zentrierte Teile müssen in den Ecken Luft haben, Bild 99.08, 99.09 u. 99.10. Die einspringende Ecke wird meist abgerundet, Bild 99.09, oder auch ausgespart,

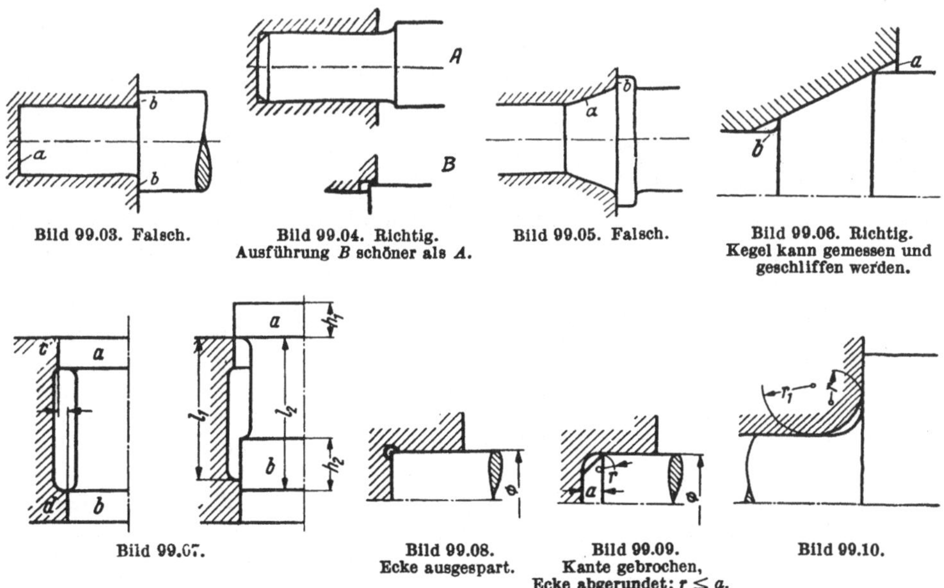

Bild 99.03. Falsch.

Bild 99.04. Richtig. Ausführung B schöner als A.

Bild 99.05. Falsch.

Bild 99.06. Richtig. Kegel kann gemessen und geschliffen werden.

Bild 99.07.

Bild 99.08. Ecke ausgespart.

Bild 99.09. Kante gebrochen, Ecke abgerundet; $r \leq a$.

Bild 99.10.

Bild 99.08; die Kante wird unter 45° abgeschrägt; der Halbmesser r muß gleich oder kleiner als a sein, Bild 99.09. Ebenso muß in Bild 99.10 $r_1 > r$ sein, damit die Stirnfläche der Stange voll zur Anlage kommt.

Die billigere Ausführung nach Bild 100.01 mit scharfer Eindrehung darf nur genommen werden, wenn die Teile nicht durch *Schwingungen* beansprucht sind. Bei hochbelasteten Stahlbolzen, z. B. für Schubstangen, wird der Übergang vom

Schaft zum Kopf oft nach Bild 100.02 ausgeführt; verringerte Kerbwirkung. Um die Dauerhaltbarkeit zu erhöhen, erhalten die Übergänge an Wellenabsätzen oft die Form nach Bild 100.03.

Bild 100.04 zeigt eine in einem Gußgehäuse fest sitzende Buchse. Dieser Entwurf ist aus folgenden Gründen fehlerhaft. 1. Überbestimmung der Paßflächen: Langer zylindrischer Teil mit Durchmesser d_1 und Bund mit Durchmesser d_2. Konstruktiv begründet ist eine Preßpassung für d_1; eine weitere Passung für d_2 ist überflüssig und

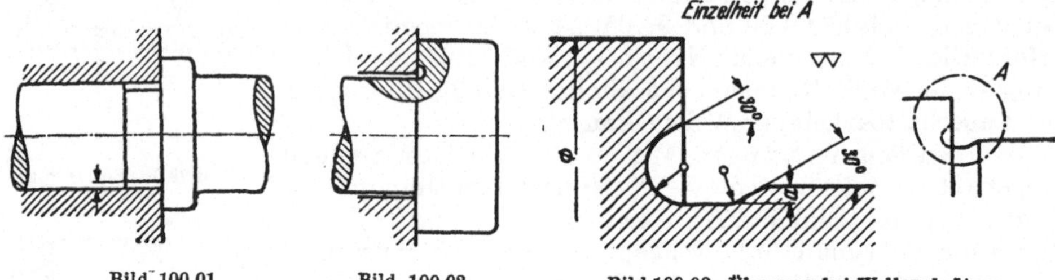

Bild 100.01. Bild 100.02. Bild 100.03. Übergang bei Wellenabsätzen. Kerbwirkung verringert.

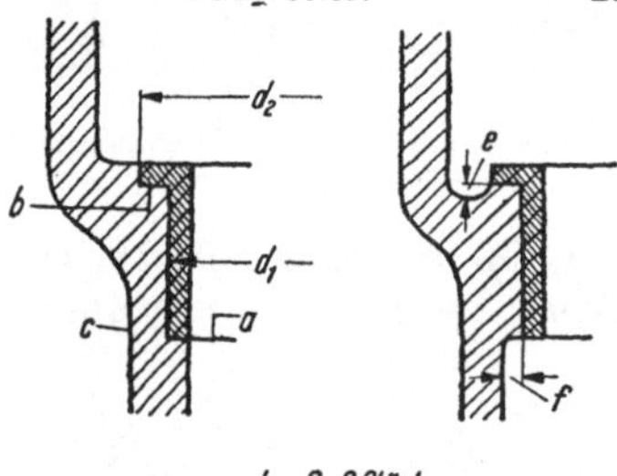

Bild 100.04. Paßflächen und Anlageflächen überbestimmt.

Bild 100.05. Fehler durch besondere Bearbeitungszugaben beseitigt.

teuer. 2. Überbestimmung der Anlageflächen: Die Buchse kann entweder nur mit ihrem Stirnende bei *a* oder nur mit Bund *b* im Gehäuse anliegen; zweckmäßigerweise am Bund; dann muß sie unten Luft bei *a* haben. 3. Im zylindrischen Teil des Gehäuses ist keine ausreichende Bearbeitungszugabe vorhanden; die Wanddicke bei *c* ist zu gering, Kerbwirkung.

Bild 100.05 gibt die verbesserte Ausführung wieder. Die Maße *e* und *f* müssen so groß sein, daß auch bei Werkstücken mit Maßabweichungen der Vorsprung für freien Werkzeugauslauf erhalten bleibt.

Eingeschraubte Teile, die genau mittig sein sollen, müssen mit besonderem Zentriersitz versehen werden. Das Gewinde allein gibt keine ausreichende Mittensicherung, Bild 100.06; Zapfen *d* soll mit dem Zylinder *D* fluchten; im Austauschbau ist die zulässige Abweichung vom Kreiszylinder, die Rundheit und der zulässige Querschlag vorzuschreiben, s. Passungen S. 56; der Zentrierdurchmesser *d* muß kleiner sein als der Kerndurchmesser des Gewindes.

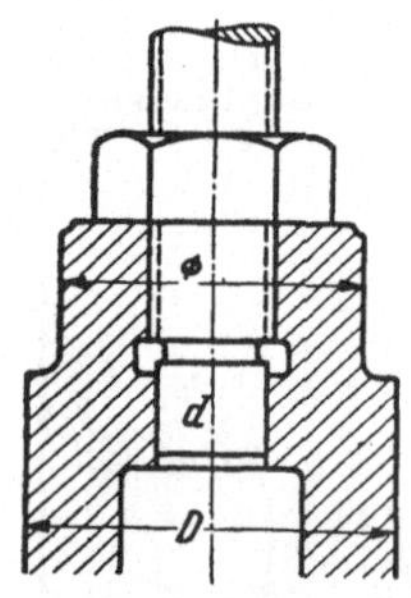

Bild 100.06. Mittensicherung durch zylindrischen Ansatz *d*.

Kann keine ***zylindrische Mittensicherung*** angeordnet werden, so sichert man die gegenseitige Lage zweier Teile durch Leisten oder besser durch zylindrische oder kegelige Paßstifte, auch Kerbstifte, die immer dann anzuwenden sind, wenn die genaue Einstellung erst beim Zusammenbau erfolgt. Da die Löcher für die Paßstifte erst beim Zusammenbau gebohrt und aufgerieben werden, ist auf ihre Zugänglichkeit besonders zu achten. Meist werden zwei Paßstifte angeordnet, deren Abstand möglichst groß zu wählen ist. Die Kegelstifte müssen sich auch ***lösen*** (zurückschlagen) lassen, andernfalls sind Zylinderstifte zu nehmen oder Kegelstifte mit Gewindezapfen und Abdrückmutter.

3.34 Aufspannen.

Das Aufspannen soll auf einfachste Weise, schnell und genau möglich sein. Namentlich größere Stücke sollen nicht oft umgespannt werden.

Bei sehr großen Werkstücken beachte man die größten Drehdurchmesser der vorhandenen Drehwerke, die größten Hobelbreiten, die größten Dreh- und Schleiflängen usw.

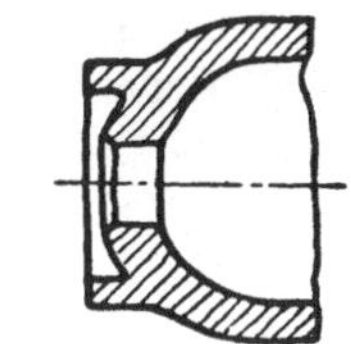

Bild 101.01. Zylindrische Aufspannfläche vorgesehen.

Bei dünnwandigen Teilen beachte man die Gefahr des Verspannens. Man ordne Knaggen, Bild 101.02 bei *d*, an oder besondere Spannleisten, die später entfernt werden. Vorstehende Naben, Zapfen, Rippen usw. sollen das Aufspannen nicht erschweren.

Bei langen Drehkörpern sorge man an beiden Enden für Spannflächen, Bild 101.01. Das halbkugelige Ende des Hohlkörpers hat daher einen zylindrischen Ansatz erhalten.

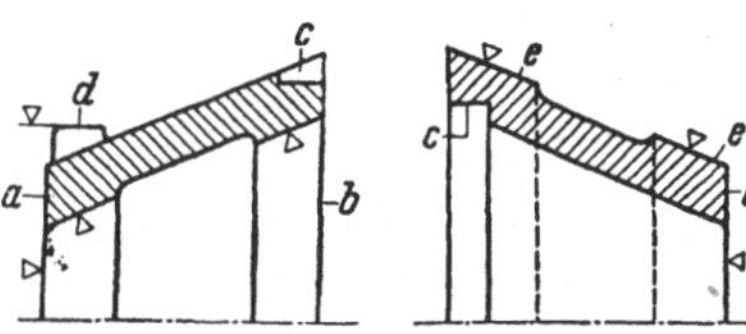

Bild 101.02. Bild 101.03. Aussparungen, Knaggen und Spannflächen für steile Kegel.

Teile mit steilem Kegel lassen sich schwer einspannen. An dem Gußkörper nach Bild 101.02 sind der Innenkegel und die linke Stirnfläche *a* zu drehen, wobei die Kegelachse senkrecht zu *a* stehen muß. Um die rohe Fläche *b* in das Dreibackenfutter spannen zu können, sind zweckmäßigerweise Aussparungen *c* vorzusehen; nach Hochziehen der Fläche *a* und gleichzeitigem Überdrehen der Knaggen *d* kann das Gußstück mittels *d* im Futter gespannt werden; nur so ist die Möglichkeit gegeben die Kegelachse senkrecht zu *a* zu erhalten. Die Knaggen *d* können bei Bedarf nach dem Drehen entfernt werden.

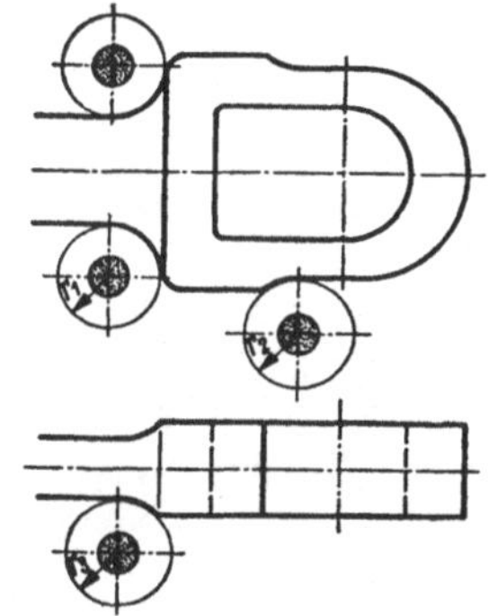

Bild 101.04. Geschlossener Schubstangenkopf. Gleiche Halbmesser!

Bei dem Gußkörper nach Bild 101.03 ist die Stirnfläche *a* und der äußere Kegel *e* zu drehen. Eine im Guß vorgesehene, roh bleibende zylindrische Fläche *c* gestattet das Aufspannen; *a* und *e* werden ohne Umspannen bearbeitet.

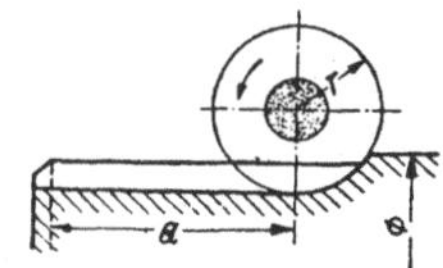

Bild 101.05. Wellennut. Platz für Fräserdorn!

3.35 Rundungen.

Rundungen an Wellen, Bolzen usw. und Ausrundungen in Bohrungen mache man nach den vorgeschriebenen Normen (DIN 250, Auszug s. S. 36) unter Verwendung der vorhandenen Schablonen und Formstähle. Bei größeren Rundungen, die nach Schablonen oder mit Formstahl oder mit Formdreheinrichtungen hergestellt werden oder die gefräst werden sollen, beschränke man sich gleichfalls auf wenige, bestimmte Halbmesser. Soll der Schubstangenkopf, Bild 101.04, allseitig gefräst werden, so wird man bestimmt $r_1 = r_2$ wählen und wahrscheinlich auch $r_3 = r_1 = r_2$. Wird eine Wellennut durch einen Scheibenfräser, Bild 101.05, hergestellt, dann muß r so groß genommen werden, daß der Fräserdorn genügend Platz hat; die nutzbare Länge der Nut ist *a*.

Hochwertige Stähle von größerer Festigkeit und geringerer Dehnung sind gegen scharfe Eindrehungen besonders empfindlich, vgl. Bild 100.01 und 102.03. Um die Kerbwirkung zu verringern, sind die Rundungen an Wellen, Bild 102.01, Bolzen, Bild 102.04, usw. sauber zu drehen und möglichst zu polieren. In besonderen Fällen wählt man zum Übergang von einem Wellendurchmesser zum anderen anstatt *eines* Kreisbogens Teile einer Ellipse oder einer Parabel. Vor allem ist bei der Wahl des Übergangs von der Kurbelwelle zum Kurbelarm Vorsicht geboten. Manche Dauerbrüche sind auf ungeeignete Formgebung (kleine Rundungen) zurückzuführen. Lassen sich kegelige Übergänge nicht vermeiden, dann wähle man die Form *A*, Bild 102.02, und nicht Form *B*, da die Hohlkehle *a* das Drehen und Messen des Kegels verteuert.

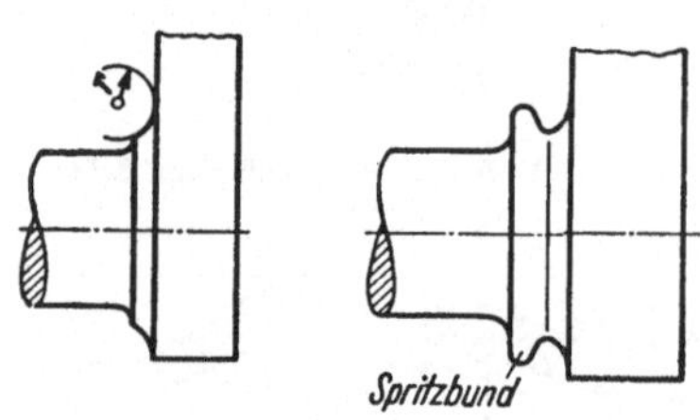
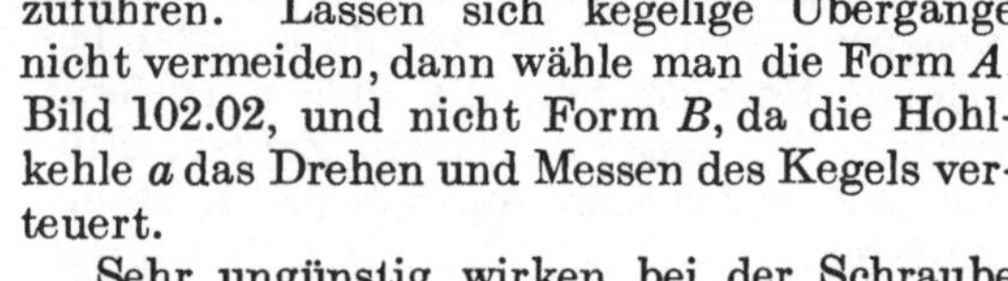

Bild 102.01. Übergänge von der Kurbelwelle zum Kurbelarm.

Sehr ungünstig wirken bei der Schraube (Dehnschraube) in Bild 102.03 die an der Übergangsstelle liegende Bohrung für die Kopfsicherung und die scharfen Eindrehungen im Bolzen. Bei hochbeanspruchten Teilen sind übrigens nicht nur scharf einspringende, sondern auch scharf ausspringende Kanten zu vermeiden. Hochbelastete Zahnräder sind am Zahnfuß und an den Stirnkanten gut zu runden.

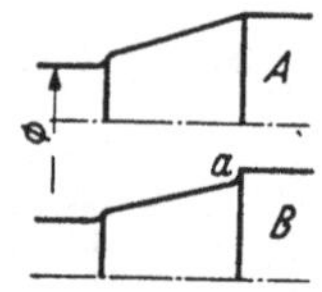

Bild 102.02. Kegelige Übergänge. Form *A* billiger als *B*.

3.36 Teilen eines Werkstücks.

Bei großen und vielfach auch bei kleinen Werkstücken können sich Vorteile durch Teilen des Stücks in mehrere kleinere ergeben. Man gieße an große Stücke keine kleinen Teile an, die bearbeitet werden müssen, sondern teile derartige Werkstücke, wodurch oft auch das Ausrichten und der Zusammenbau erleichtert wird. Das Zusammengießen kann aber Vorteile bieten, falls Sondereinrichtungen, z. B. ortsbewegliche Bohrmaschinen, bestehen oder geschaffen werden sollen, die an die verwickelten Gußstücke herangebracht werden können und gleichzeitig mit den großen Bearbeitungsmaschinen in Betrieb sind.

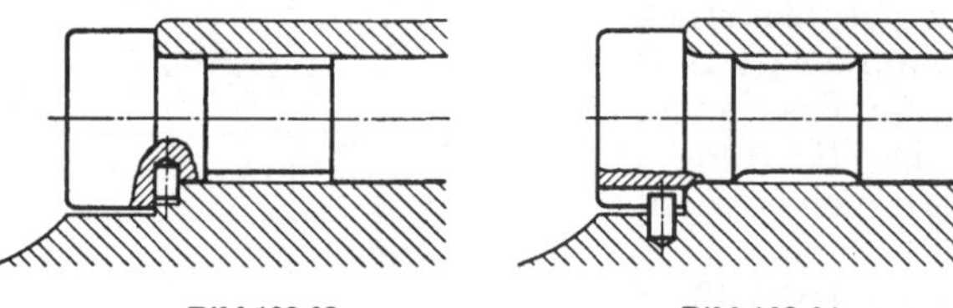

Bild 102.03. Bild 102.04.
Schraube für geteilten Schubstangenkopf.
Falsch. Scharfe Eindrehungen vermeiden: Kerbwirkung. Richtig.

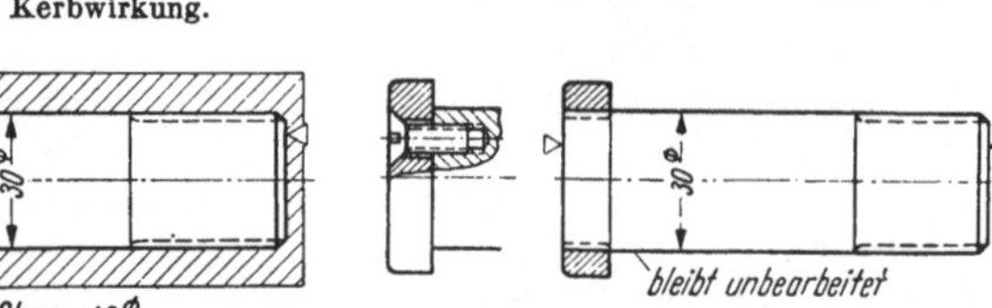

Bild 102.05. Bolzen mit Bund, allseitig bearbeitet; teuer.

Bild 102.06. Bolzen unbearbeitet, Bund aufgesetzt.

Große, sperrige Schmiedestücke, z. B. Kurbelwellen, wird man teilen, s. Abschn. 3.221, S. 95.

Beim Verwenden von *gezogenem* Werkstoff ist das Teilen oft vorteilhaft, weil an Werkstoff gespart wird und die Einzelteile auf Automaten billig gefertigt werden; dies sei am Beispiel eines Bolzens mit Kopf, Bild 102.05, gezeigt. Würde man den Kopf stauchen wollen, so müßte der Ausgangswerkstoff einen größeren Durchmesser als 30 mm haben, da der Schaft durch das Einspannen seine Form verlieren würde und nachgearbeitet werden müßte. Führt man den Bolzen nach Bild 102.05 aus, so ist er allseitig bearbeitet. Nimmt man dagegen gezogenen Stahl von 30 mm ∅, Bild 102.06, so kann man entweder den Bund (Scheibe) mit 2 Senkschrauben (links) gegenschrauben oder (rechts) mit Innengewinde aufschrauben. Bei kleinen Längskräften kann der Bund auch durch einen federnden Ring (Seeger-Sicherung) ersetzt werden. Schließlich kann ein aufgeschrumpfter Ring den Bund bilden.

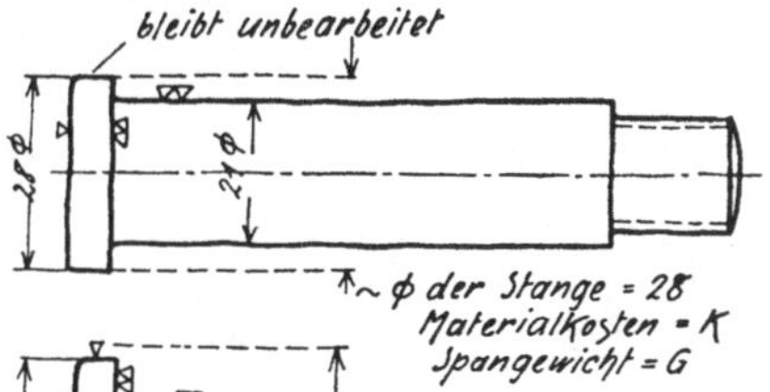

Bild 103.01. Billig.

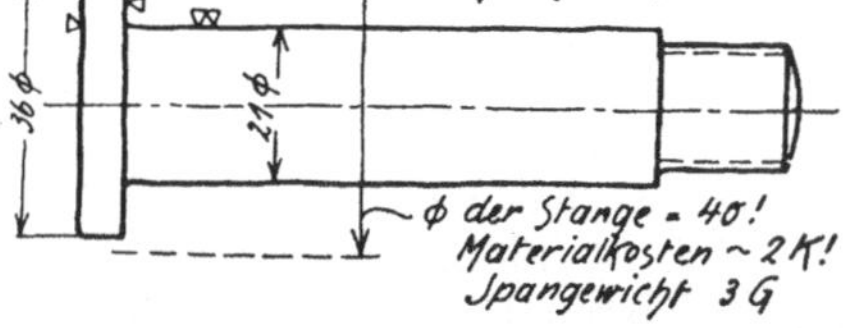

Bild 103.02. Teuer

Ist man jedoch gezwungen Schaft und Kopf aus einem Stück zu fertigen, so soll man den Kopfdurchmesser nicht zu groß nehmen, s. Bild 103.01 und 103.02; man spare Werkstoff und Bearbeitungskosten!

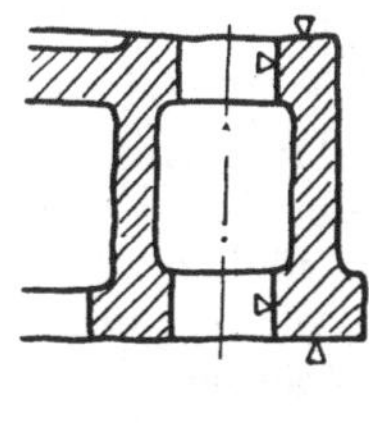

Bild 103.03.

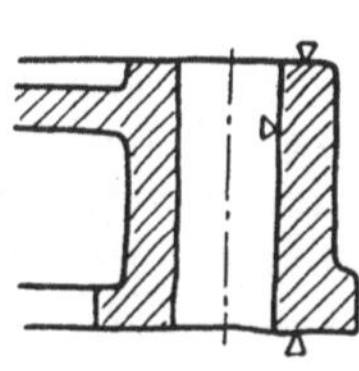

Bild 103.04.

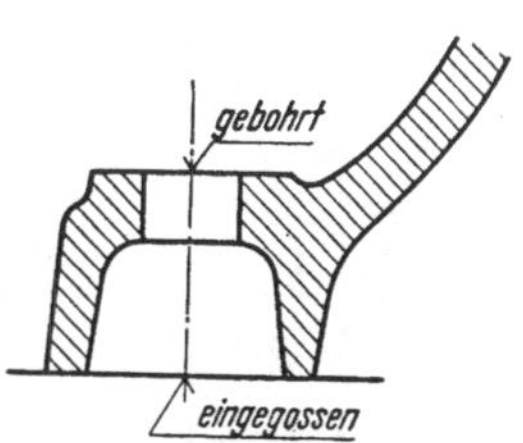

Bild 103.05.

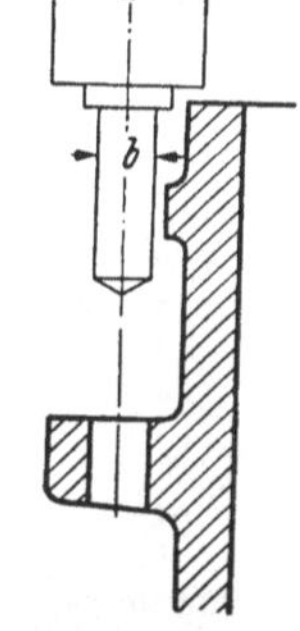

Bild 103.06. Loch kann nicht maschinell gebohrt werden.

3.37 Löcher und Durchbrüche.

Die Lochdurchmesser an ein und demselben Werkstück sind so zu wählen, daß möglichst viele Löcher mit dem gleichen Bohrer gebohrt werden können.

Lange und weite *Löcher* in Gußstücken, die auf dem Bohrwerk nachgebohrt werden müssen, sind mit Rücksprung zu versehen, Bild 103.03. Soll aber in das Loch eine Büchse genau eingepaßt werden und muß das Loch mit der Reibahle nachgerieben werden, ist Bild 103.04 vorzuziehen, da bei Bild 103.03 die Reibahle schlecht geführt wird. Eingegossene Löcher, die nicht nachgebohrt werden sollen, müssen im Durchmesser wesentlich größer gehalten werden als die Schraubenbolzen (siehe DIN 69), man muß dann „eingegossen", Bild 38.05 und 103.05, beischreiben. Man wählt oft eingegossene Löcher, um Gußanhäufung und porigen Guß zu vermeiden.

Ein Vorsprung an einer höheren Wand, der gebohrt werden soll, muß von der Wand so weit abstehen, daß nicht nur Raum für die Mutter, sondern auch für die Bohrspindel vorhanden ist, Bild 103.06. Namentlich bei kleinen Löchern ist *a* wesentlich größer als *b*! Das Loch in Bild 104.01 kann von oben nicht gebohrt werden; von unten stört die schräge Fläche; diese ist abzuändern oder das Loch einzugießen. Löcher nach Bild 104.02 lassen sich nur mit Vorrichtung und Bohrbuchse bohren. Entweder Abschrägung nach Bild 104.03 oder Warze *c* nach Bild 104.05 vorsehen oder Loch zuerst ansenken. Winkel α (Bild 104.03) wähle man 15°, 30°, 45° oder 75°, damit vorhandene Spannwinkel benutzt werden können. Auch an der Austrittstelle soll die Wand senkrecht zur Bohrachse stehen, damit der Bohrer sich nicht verläuft oder bricht, vgl. auch Bild 104.04.

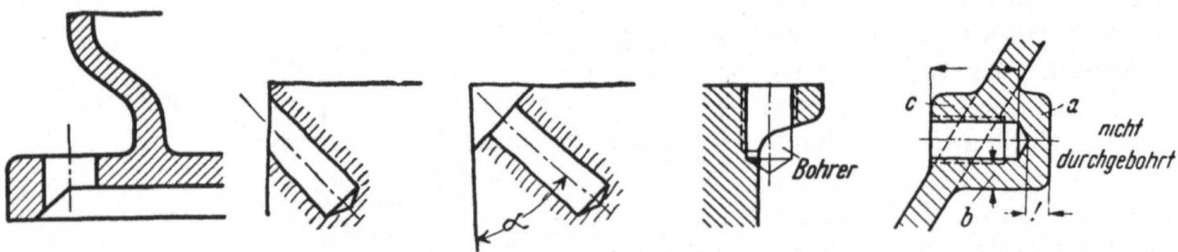

Bild 104.01. Loch läßt sich weder von oben noch von unten bohren. Bild 104.02. Falsch. Bild 104.03. Richtig. Bild 104.04. Bohrer verläuft sich und bricht ab. Bild 104.05. Sackgewinde in schräger Wand. Verstärkung *a* und Warze *c* vorsehen.

Löcher für Stiftschrauben sollen durchgebohrt werden. Gewindeschneiden in Sacklöchern nach Bild 104.06 erfordert besondere Gewindebohrer, mehrmaligen Werkzeugwechsel und ist daher teuer. Müssen Stiftschrauben im Gewinde gegen das Betriebsmittel dicht sein, so ist das Bolzengewinde nach besonderen Toleranzen, s. DIN 13 und 14 Beiblatt 15, herzustellen; in der Stückliste ist der Normbezeichnung für die Stiftschraube *Sn 4 dicht* hinzuzufügen. Außerdem kann ein geeignetes Dichtmittel, das gegen das Betriebsmittel widerstandsfähig ist, benutzt werden, z. B. schnelltrocknender Kunstlack.

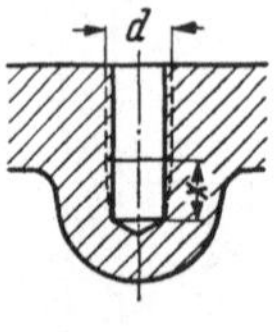

Bild 104.06. Sackgewinde. 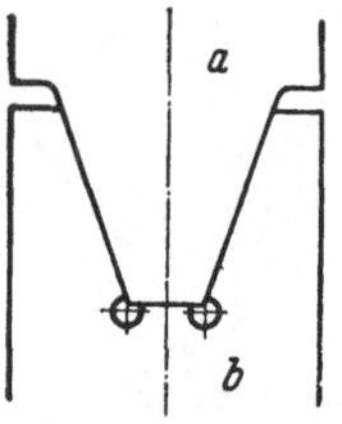 Bild 104.07. Lehre *a*, Gegenlehre *b*.

Gewindeanordnung nach Bild 104.04 ist fehlerhaft, da sich der Bohrer verläuft und abbricht. Abhilfe: Wenn angängig, eine Warze vorsehen; sonst Gewinde nach außen rücken.

Soll ein Loch, Bild 104.05, nicht durchgebohrt werden, so ist auf der Rückseite eine Verstärkung *a* vorzusehen, die so dick zu wählen ist, daß auch bei Verlagerung genügend Wanddicke *b* bleibt. Zum sicheren Bohren wird auf der Vorderseite eine Warze *c* vorgesehen, die auch zur Anlage des Stiftgewindes dient. Auf der Zeichnung ist das Tiefenmaß für die Bohrung anzugeben.

Sackgewinde kann nach Bohren des Kernlochs mit dem Einzelschneider geschnitten werden, wenn in Bild 104.06 das Maß x nach DIN 76 gemacht wird; beim ersten Entwurf wähle man $x = d$.

Durchbrüche. Bei dünnem Blech: stanzen. Bei stärkerem Blech, bei Schnittplatten aus Stahl usw.: Ecken vorbohren, auf Säge- und Feilmaschinen bzw. Schleifmaschinen fertigbearbeiten, s. Bild 104.07. Die scharfen Ecken der Lehre *a* sollen in der Gegenlehre *b* frei liegen; die beiden Löcher werden in *b* vorgebohrt. Bei starkem Blech und Schmiedeteilen: Trennen mit Schneidbrenner oder Ecken vorbohren, dann ausstoßen, fertigfräsen oder fertigschleifen. Durchbrüche mit quadratischem, rechteckigem Querschnitt, Naben für Keilwellen usw.: vorbohren und mit Räumwerkzeugen fertig bearbeiten.

3.38 Platz für Werkzeuge.

3.381 Bohren und Drehen. Bild 105.01 zeigt eine Verschraubung, die aus dem Vollen, z. B. Stahl, hergestellt werden soll. Für das Außengewinde ist bei *a* genügend

Platz für den Stahlauslauf zu lassen, desgleichen für das Innengewinde bei *b* (Maße nach DIN 76); der Durchmesser für das Loch *c* ist nach DIN 336 (Bohrerdmr. für Gewindekernlöcher) zu wählen. Der Bunddurchmesser *d* muß gleich oder größer als das Eckenmaß der Schlüsselfläche *e* sein.

In Bild 103.06 wurde gezeigt, daß das Loch so nahe an der Wand liegt, daß es nicht gebohrt werden kann.

Der Stahl stößt in Bild 105.02 beim Drehen gegen die Rippe; außerdem erschwert der Wulst das Einformen. Bild 105.03 zeigt die verbesserte Ausführung (Kern nur für die Bohrung).

Beim Drehen des Außengewindes in Bild 105.04 hat der Stahl keinen Auslauf. In Bild 105.05 ist eine Eindrehung von ausreichender Breite vorgesehen; der Durchmesser ist etwas kleiner als der Gewindekerndurchmesser (Maße s. DIN 76). Die Stirnseite der Bohrspindel ist in Bild 105.06 genügend weit von der linken Wand entfernt.

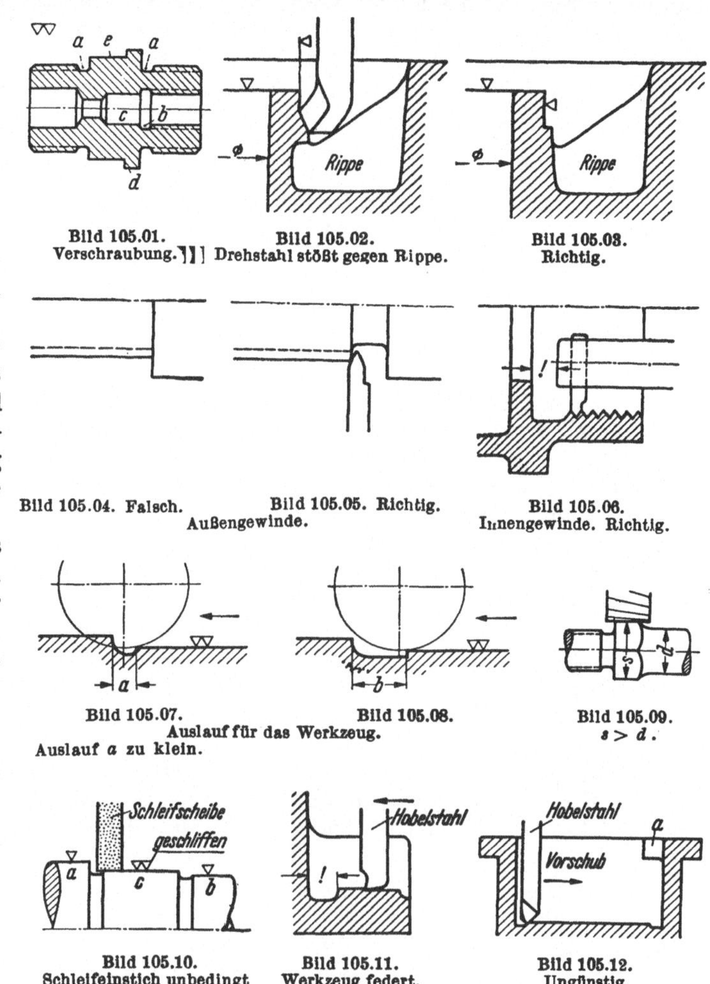

Bild 105.01. Verschraubung. Bild 105.02. Drehstahl stößt gegen Rippe. Bild 105.03. Richtig.

Bild 105.04. Falsch. Bild 105.05. Richtig. Außengewinde. Bild 105.06. Innengewinde. Richtig.

Bild 105.07. Auslauf *a* zu klein. Bild 105.08. Auslauf für das Werkzeug. Bild 105.09. $s > d$.

Bild 105.10. Schleifeinstich unbedingt zwischen *a* und *c*. Bild 105.11. Werkzeug federt. Bild 105.12. Ungünstig.

3.382 Fräsen und Schleifen. Soll eine ebene Platte, Bild 105.07, in Pfeilrichtung gefräst oder geschliffen werden, so muß der Auslauf sichergestellt sein; *a* ist zu klein. Auslauf *b* in Bild 105.08 richtig bemessen.

In Bild 105.09 muß die Schlüsselweite *s* größer als der Bolzendurchmesser *d* sein; sonst wird die Oberfläche von *d* beschädigt.

Von der Welle, Bild 105.10, sind die Zylinderflächen *a* und *b* zu drehen und *c* zu schleifen. Für genügend breiten Schleifeinstich zwischen *a* und *c* ist zu sorgen, dagegen zwischen *c* und *b* nicht unbedingt.

3.383 Hobeln und Stoßen. Arbeitsflächen, die nur mit sehr lang eingespannten Werkzeugen bearbeitet werden können, Bild 105.11 und 105.12, sind zu vermeiden. Infolge Federung des Werkzeugs ist das Einhalten der Maße erschwert; außerdem ist die Oberflächengüte nicht einwandfrei. Ferner stört in Bild 105.12 der innere Vorsprung *a*.

Bei innen verzahnten Rädern, Bild 106.01, die mit Stoßrädern hergestellt werden, ist ein Spielraum *e* und ein Überlauf *f* vorzusehen. Da in Bild 106.01*a* die in Bild 106.01*b* gezeigte, sonst übliche Stoßradbefestigung nicht angewandt werden kann, muß das Stoßrad mit dem Schaft zusammen ein Stück bilden (Sonderwerkzeug); oder es muß, Bild 106.01*c*, das Stoßrad auf den Schaft geschrumpft werden.

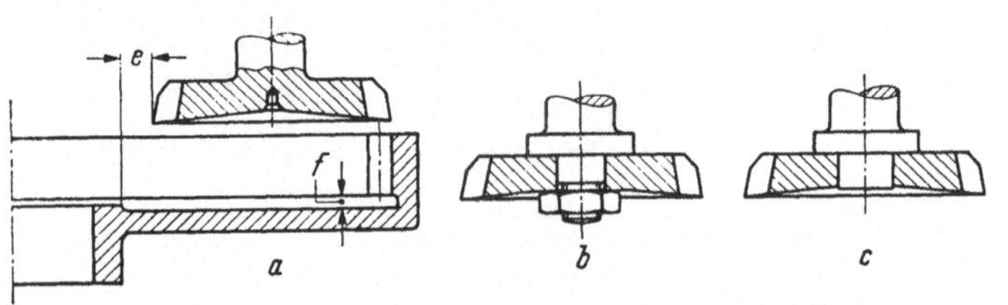

Bild 106.01. Stoßen eines innen verzahnten Rades. Spiel *e* und Überlauf *f* vorsehen. Werkzeug in den äußersten Endstellungen einzeichnen. Das erforderliche Mindestmaß *e* muß auch bei Beginn des Anschnitts vorhanden sein.

3.39 Verschiedenes.

Um Gratbildung zu vermeiden, sind bei Führungen *Überschleifkanten*, Bild 106.02, vorzusehen, so z. B. bei Kolben, Schiebern, Stangen, Kreuzköpfen, Ventilen.

Hin- und hergehende Teile (Kolben, Ventile usw.) und schwingende Teile (Schubstangen usw.) sind in den Endlagen zu zeichnen. Man überzeuge sich, ob in beiden Endlagen die Betriebsbedingungen (Spiel, Überlauf, Länge der Führung, Durchgangsquerschnitt usw.) erfüllt sind.

Stopfbüchsen sind herausgezogen zu zeichnen. Dadurch erkennt man die Zugänglichkeit, die Möglichkeit des Nachziehens im Betrieb, die erforderliche Länge der Schrauben usw. (s. a. Bild 20.02).

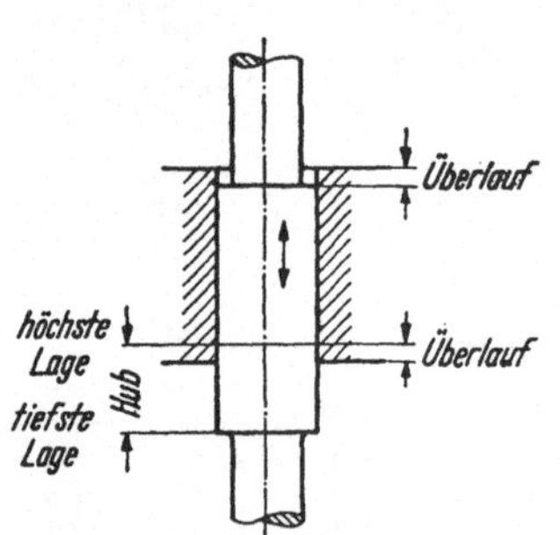

Bild 106.02. Überschleifkanten.

Auf Nachstellen und Zugänglichkeit der zum Nachstellen und Sichern dienenden *Schrauben* ist Rücksicht zu nehmen.

Schrauben sind möglichst nahe an jene Konstruktionsteile heranzurücken, welche die Kräfte weiterleiten; lange Flanschen oder lange unversteifte, auf Biegung beanspruchte Platten sind zu vermeiden. Andererseits muß der Abstand der Schrauben von den Wandungen so groß gewählt werden, daß auch bei Abweichungen im Guß genügend Platz für die Mutter vorhanden ist. Man überzeuge sich, ob die Muttern gut zugänglich sind und mit gewöhnlichen Schraubenschlüsseln angezogen werden können; sonst müssen Sonderschlüssel mitgeliefert werden.

Kopfschrauben anstatt Durchgangsschrauben ergeben bei einem Gehäuse mit Deckel kleinere Abmessungen, da der Platz für die Mutter entfällt. Abstand von Mitte Kopfschraube bis Gehäusewand genügend groß wählen, damit Gewindeschneideisen frei schneidet (falsche Anordnung s. Bild 104.04). Ist der Deckel des öfteren zu lösen und (ggf. dichtend) anzuziehen, besteht die Gefahr, daß das Innengewinde schließlich ausreißt. In diesem Falle nimmt man Stiftschrauben, so z. B. bei Zylindern von Dampfmaschinen, Pumpen, Verdichtern, Brennkraftmaschinen usw.; Stiftschrauben bei Armaturen s. Bild 83.01. Einschraubtiefe bei Stiftschrauben, die auch für Kopfschrauben gilt, s. S. 43.

Wird von zwei zusammenstoßenden Teilen der eine wärmer (oder kälter) als der andere, so ist die *Wärmedehnung* zu ermöglichen, Bild 107.01 und 107.02, oder der Einfluß der Wärmedehnung zu berücksichtigen.

Bild 107.03 zeigt eine besondere Abdichtungsart. *a* ist die in das Gehäuse *b* eingepreßte Laufbuchse, *c* der Zylinderkopf. Eine einwandfreie Abdichtung ist nur möglich, wenn die abzudichtenden Flächen von *a* und *b* genau in einer Ebene liegen.

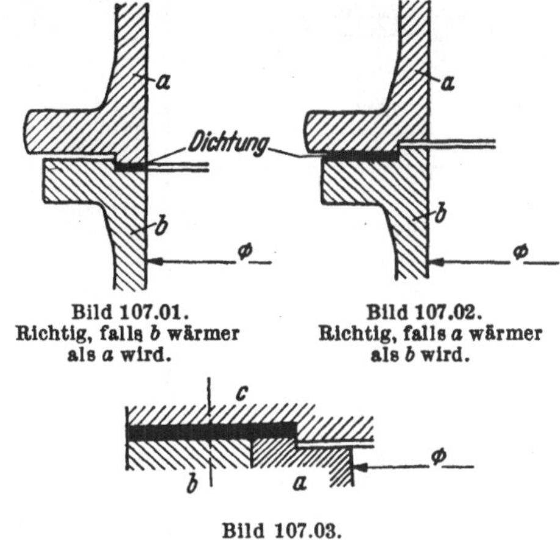

Bild 107.01. Richtig, falls *b* wärmer als *a* wird.

Bild 107.02. Richtig, falls *a* wärmer als *b* wird.

Bild 107.03.

Bei Teilen, die sich schnell ***abnutzen*** ist auf Nachstellen bzw. Auswechseln Rücksicht zu nehmen. Paßrechte Ersatzteile sind vorzusehen.

Bei schweren Bauteilen und bei vollständigen Maschinen muß das Anhängen an den Kran möglich sein. Lassen sich Ösen nicht anbringen oder sind sie — wie beim Ausheben von Gußstücken aus der Form — noch nicht angebracht, so muß auf das Umschlingen durch das Seil oder die Kette Rücksicht genommen werden. Es sind daher scharfe Kanten zu vermeiden, welche das Seil beschädigen; aber auch schwache Angüsse, Hauben, Ölrinnen usw. können vom gespannten Seil beschädigt werden.

4. Für und Wider.

Die vorhergehenden Abschnitte brachten eine Reihe von Beispielen und Gegenbeispielen. Weitere Fälle sind im folgenden unter der Überschrift *Für und Wider* zusammengestellt. Die Ausdrücke *Falsch* und *Richtig* werden vermieden, da sie nicht immer völlig zutreffen. Was heute richtig ist, kann morgen falsch sein, falls Stückzahl, Werkstoffpreis, Werkstoffgüte, Lohn, Bearbeitungsfolge oder Lieferfrist sich ändern oder die Wirtschaftslage besondere konstruktive Maßnahmen erfordern. Diese Gegenüberstellung soll den jungen Konstrukteur veranlassen, seine eigenen Erfahrungen in gleicher Weise niederzulegen.

Erster Entwurf	*Kritik*	Erste Verbesserung
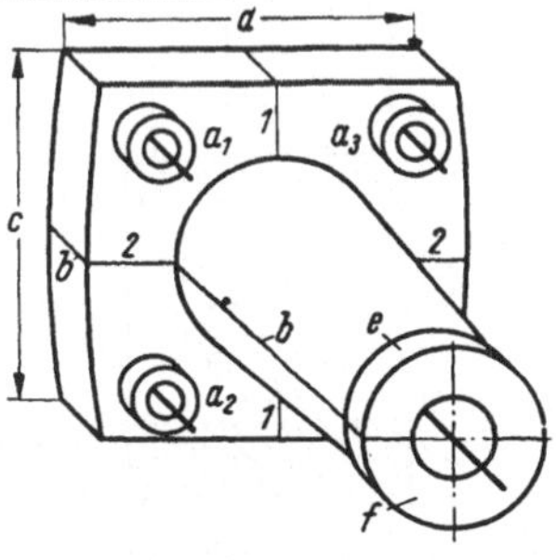 Bild 107.04	Beim 1. Entwurf (Modellteilfuge 2—2) müssen die 4 Augen lose sein. Die 1. Verbesserung führt die Augen a_1 bis a_4 bis zur Teilfuge durch. Grat *b—b*! Anderer Vorschlag: *c* vergrößern, *d* verkleinern, oben und unten nur je *eine* Schraube auf Teilfuge *1—1*. Oder: Verzicht auf Verstärkung *e* und Einformen stehend, *f* unten; Augen wie im ersten Entwurf.	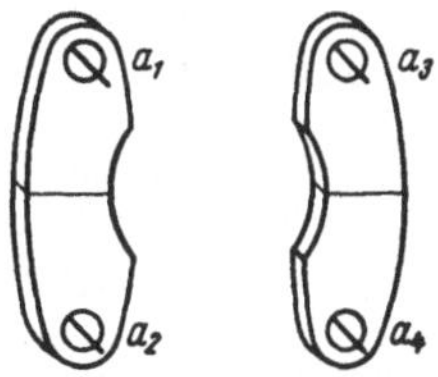 Bild 107.05

Erster Entwurf	*Kritik*	Erste Verbesserung
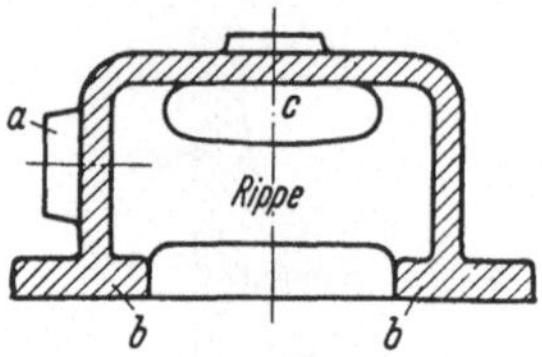 Bild 108.01	Teures Modell, teurer Kernkasten. Auge *a* hindert das Ausheben des Modells, muß daher *lose* sein! Bei den Seitenwänden fehlt die Neigung. Einspringende Flanschen *b* und Aussparung *c* bedingen teuren Kern. Bild 108.02 kann ohne Kernkasten, nach dem Naturmodell abgeformt werden. Lebensdauer der hölzernen Naturmodelle beschränkt, namentlich bei geringen Wanddicken.	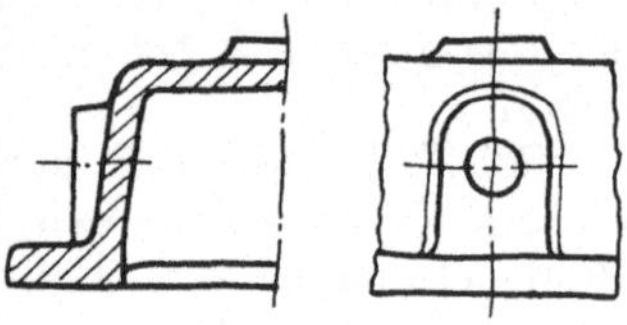 Bild 108.02
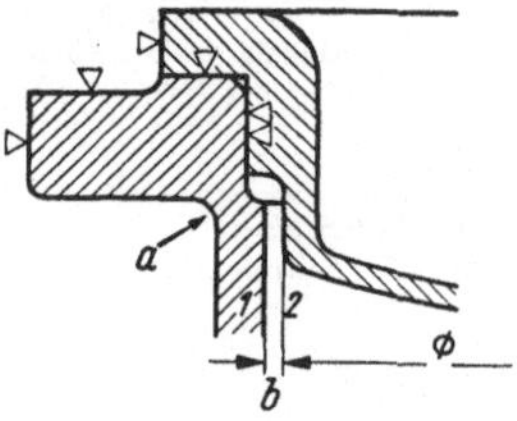 Bild 108.03	SchlechteStoffverteilung, schlechte Übergänge, Bruchgefahr bei *a*, zuviel bearbeitete Flächen. Sollen die Zylinderflächen 1 und 2 unbearbeitet bleiben, so ist *b reichlich* zu wählen. Ein enger Spalt ist nur bei *bearbeiteten* Flächen zulässig. Modell- und Formkosten für das Gehäuse sind beim 1. Entwurf geringer als bei der 1. Verbesserung.	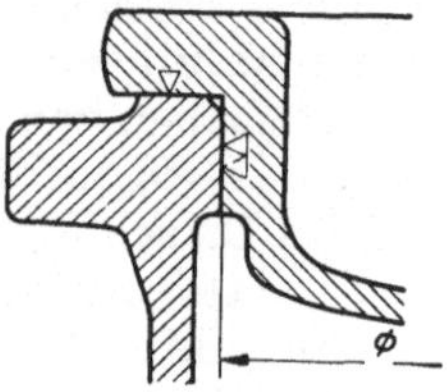 Bild 108.04
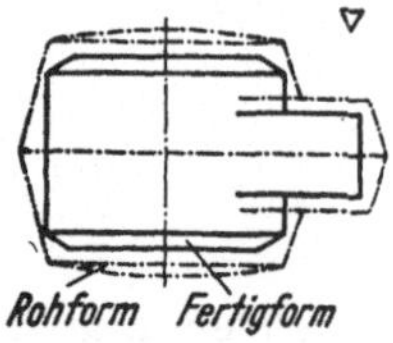 Bild 108.05	Die Muffe, für Massenfertigung bestimmt, soll im Gesenk geschlagen werden. Dann erfordert die gewählte *Form* und die verlangte *allseitige* Bearbeitung das Preßstück (Rohform) nach Bild 108.05. Hohe Bearbeitungskosten, teilweise Nacharbeit von Hand. Erste Verbesserung wesentlich billiger und leichter.	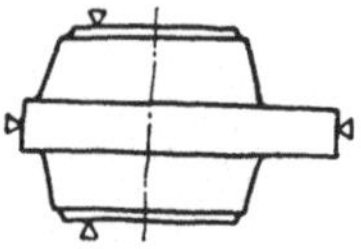 Bild 108.06
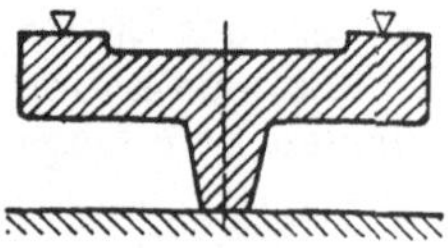 Bild 108.07	Aufspannen unbequem. Erste Verbesserung erleichtert das Aufspannen. Entweder sind Löcher, für Spannschrauben vorzusehen oder bei großen oder langen Gußstücken seitliche Nocken.	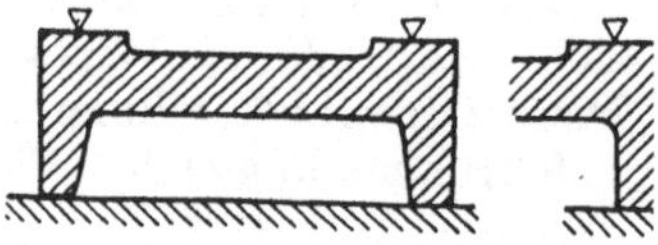 Bild 108.08
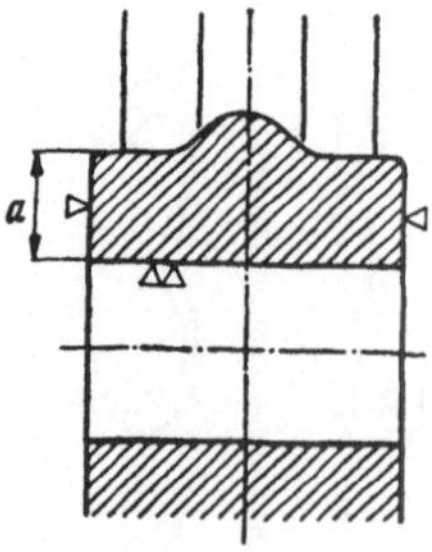 Bild 108.09	Falls *a* verhältnis mäßig groß ist, wird man das schwere Rad zur Bearbeitung von *a umspannen* müssen. Ein schmaler Rand, Bild 108,10 läßt sich *ohne* Umspannen von rechts aus bearbeiten.	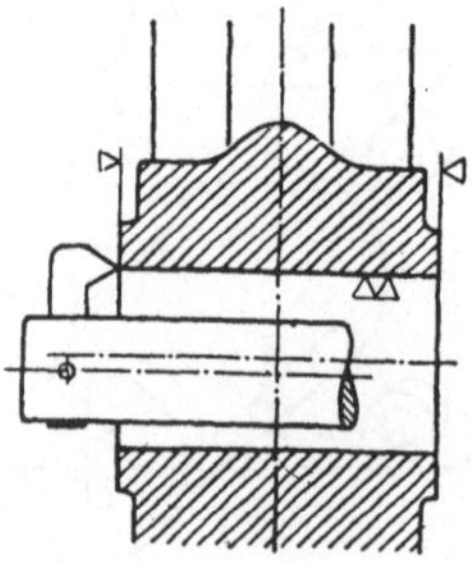 Bild 108.10

Erster Entwurf	*Kritik*	Erste Verbesserung
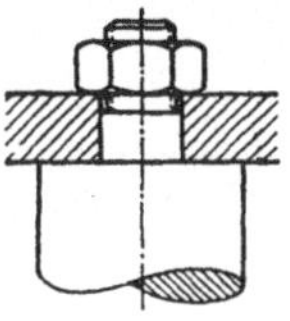 Bild 109.01	Schwache Zapfen an starken Bolzen oder an langen Wellen sind in der Herstellung teuer, oft auch beim Zusammenbau störend. Werkstoffverbrauch groß, Dauerbruchgefahr. Erste Verbesserung durch Verwenden einer Kopfschraube *a*, Bild 109.02. Falls die Lage des Bolzens genau festgelegt werden muß, kann eine genormte Paßschraube (DIN 409 oder 410) *b*, Bild 109.03 genommen werden.	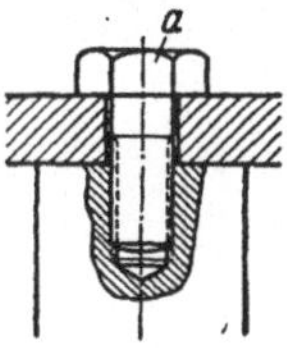 Bild 109.02 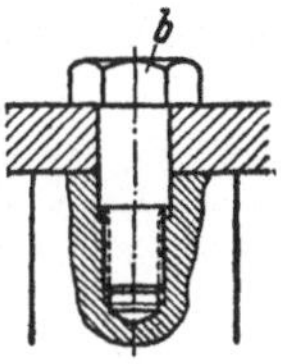 Bild 109.03
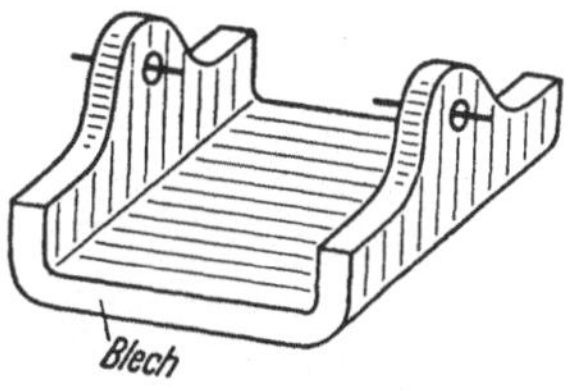 Bild 109.04	Bei geringer Stückzahl teuer. Viel Abfall, Ausschneiden mit der Schere nur teilweise möglich, Feilarbeit. Bei 1. Verbesserung werden die Augen angeschweißt. Bei sehr großer Stückzahl kann bei Verwendung eines Stanz- und Biegeschnittes 1. Entwurf wirtschaftlicher sein.	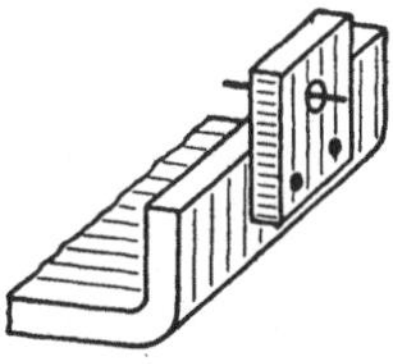 Bild 109.05
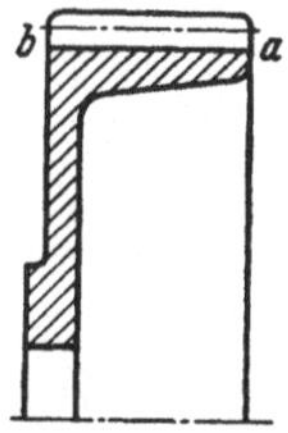 Bild 109.06	Radkörper aus Nitrierstahl im Gesenk geschmiedet. Der Zahnkranz liegt unsymmetrisch zum Steg. Der Härteverzug ist bei *a* größer als bei *b*. Dies erfordert vermehrte Schleifarbeit an den Zahnflanken. Bei der Verbesserung setzt der Steg in Kranzmitte an, der Verzug ist geringer und gleichmäßiger.	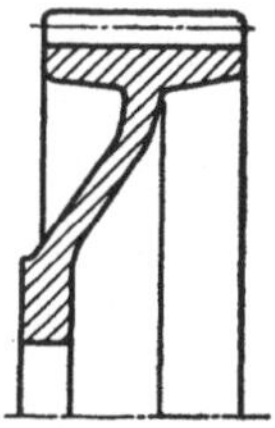 Bild 109.07
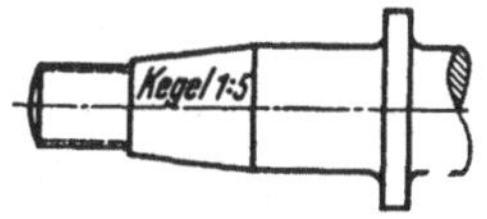 Bild 109.08	Welle für Kühlwasserpumpe. Im ersten Entwurf hat das Schaufelrad Kegelsitz, Welle nicht rostender Stahl. Bei der Verbesserung ist die glatte Welle aus St 50.11, hartverchromt, Rad aufgeschrumpft. Welle kürzer, Herstellungskosten wesentlich gesenkt. Die Schrumpfpassung muß berechnet werden, s. S. 61 unten.	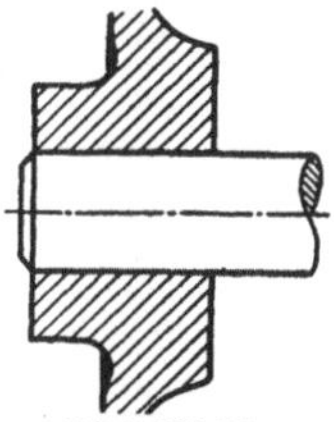 Bild 109.09